懒人蛋糕

5分钟做好的杯中美食

[意]辛西娅·特伦奇 著　　严 羽 译

河北科学技术出版社

目录

甜品

素食甜品

风味点心

风味素食点心

序言

让我们面对现实吧，除了工作、学习和陪伴家人外，我们能够自由支配的时间越来越少，我们也总想在空闲的时候做做饭。烹饪不仅是准备饭菜，也是一种情趣，给我们带来幸福的体验。所以即便只是用挤出来的几分钟时间，来准备和品尝想要做的饭菜也变得非常有意义。

我们希望菜肴更健康、低盐低脂、美味可口又营养丰富。我们都渴望美食，口水在我们对食物的渴望中不经意地流出来。我们想让那些美味的食物立刻出现在我们的勺子里，叉子上，在我们的嘴里融化，带给我们想象中的味道。但我们却需要30分钟才能煮好糙米饭，20分钟才能做出意大利调味饭，至少半个小时才能烤好比萨。

在我们时间不多时，美味的马克杯蛋糕是一个很好的选择。只需要5分钟就可做好的美味糕点，10分钟即可出炉的汤和点心，用1把叉子或1个打蛋器就可完成乳化的奶油蛋糕，瞧，冗长复杂的烹饪过程可以变得如此简单快捷！当然，追求纯正口味的人可能对这些食物不屑一顾，但在时间很紧时，这些可快速完成的食物值得一试。

本书介绍了制作多种美味小甜品的简便方法，能满足但不仅限于满足我们对甜品和点心的渴望。同时，这本书也为那些不食用动物蛋白及其制品的人们提供了多种食谱选择。本书分为4个部分，你可以在其中尽情地探索各种快捷美味食物的制作方法，从甜品到风味点心，乃至各种素食，应有尽有。总之，书中所有食谱的宗旨就是简单快捷。此外，我们也可以用一些替代性谷物，比如小米、燕麦、糙米、大麦以及麦片，来搭配时令水果和蔬菜，再配以香气四溢的香草和调料。

制作马克杯蛋糕需要做哪些准备呢？首先需要一台微波炉，然后是用耐热玻璃或陶瓷制成的马克杯，1个打蛋器（大小皆可）和1个面粉筛。准备好这些基本工具后，就可以尝试做这些诱人的食物了，同时也可以尝试做一道经典的头盘，三明治或者甜点。时间不充足的时候，用微波炉至少能缩短一半烹饪时间：比如，蒸米饭过去需要20分钟，使用微波炉仅需要8~10分钟。本书有只需2~3分钟即可做好的蔬菜全麦马克杯蛋糕，还有用20分钟做好的小扁豆马克杯蛋糕，以及包括准备时间在内只需5分钟做好的甜品。

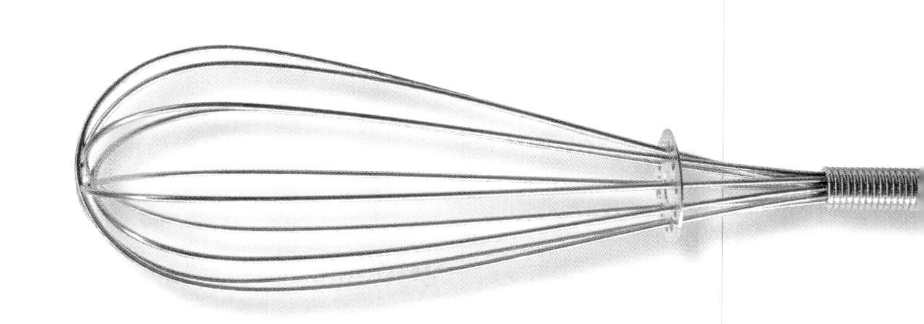

有人说用微波炉烹饪会破坏食物的品质，也有人说因为微波炉缩短了烹饪时间，所以并不会破坏食物的营养价值。对我们而言，最重要的是做出色香味俱全的马克杯蛋糕。马克杯蛋糕正是现在这种狂热生活方式的最好答案。选择使用何种容器并不重要，只要不含金属物质，容器大小可以根据个人喜好而定。你可以选一只速溶咖啡杯，或是传统的卡布奇诺咖啡杯，也可以是马克杯……任何和其中食物的颜色搭配的容器都可以。

如果你正打算做一个马克杯蛋糕，就必须提前考虑到烘焙过程可能造成蛋糕溢出的情况。也就是说，如果不用保鲜膜覆盖，且倒入超过杯子容量三分之二的食物时，蛋糕可能从容器中溢出。此外，建议在做少量食物的时候才使用这种烹饪方式，此外，做出令人满意的蛋糕的前提在于杯子材质的选择，其实，并非所有的杯子都适用于微波炉。不能使用砂锅或者平底锅，而应该选择马克杯或者玻璃杯，但那些带有金边、银边或其他金属边，或用金属装饰的杯子除外。容器的大小最好在一定的直径范围内（直径7.5~10cm）。

最后要记住的是同时加热多个马克杯蛋糕时，应适当延长烘烤时间。如果准备加入蔬菜，我们建议你将蔬菜提前处理或用水煮一下，这样可避免在之后的烹饪过程中变干。最好用保鲜膜覆盖食物以保鲜。

微波炉烹饪显而易见的一个优点是缩短了烹饪时间。另一个优点是可以用叉子或小的打蛋器在容器中将各种食物原料混合，这样可以极大地减少使用的烹饪工具，保持厨房的相对整洁，也能减少需要清洗的餐具的数量。

如果想通过这些食谱练习烹饪技能，知道哪些食物用微波炉会更好吃是很必要的。鸡蛋、黄油、糖和面粉都是非常合适的食材，再加上一点泡打粉就能在几分钟内做出美味的蛋糕。蔬菜水果与面粉混合在一起比单独加工更好吃。你甚至不需要在杯子边缘涂抹油脂，蛋糕也不会粘在杯子上。现在你可能想问：我们能用传统的烤箱做同样的食物吗？

当然可以。但时间和准备过程需稍作改变（容器必须涂抹油脂，蛋糕才不会粘在容器上，制作时间也比用微波炉长一倍或者更久），当然在你拥有一台微波炉之前，这都是一个很有用的烹饪方式。

备忘

1. 手边时刻准备好微波炉使用手册，以方便随时查阅。虽然微波炉的操作原理大致相同，但是它们的电源、配件、时间设置、尺寸和性能各有不同。

2. 微波炉使用前应处于关闭状态，不能空转，否则微波撞击内壁可能造成机器损坏。

3. 如果微波炉具备烧烤功能，切勿使用非专用塑料容器。

4. 仅使用适用于微波炉的烹饪工具：陶器、瓷器、瓦罐、耐热玻璃、专用塑料、防油纸、保鲜膜。避免使用金属，带有手绘图案的杯子，以及含铅材质的容器。

5. 当使用白色、彩色或者玻璃容器时，请检查它们是否适用于微波炉。

6. 当你用水煮饭，煮蔬菜、种子、豆类等食物时，使用微波炉可用的保鲜膜覆盖，但不能完全密封，用牙签在保鲜膜上扎几个孔，以防止容器爆炸，食物飞溅。

7. 最好每次只做一个蛋糕，这种烹饪方式只适合做少量食物。

8. 为了让蛋糕更完美，遵守烘烤时间非常重要，同时也要考虑冷却时间。

9. 如果你不清楚食物的体积和重量，那么就取少量食物，同时加入极少量的调味品，如发酵粉和香料。

10. 使用马克杯能够快速做好食物。你可以使用汤匙或茶匙量取材料。例如，汤匙1平勺的容量相当于：液体10~12mL，8g可可粉，10g面粉，12g糖，20g蜂蜜。茶匙1平勺的容量相当于：5g盐，4g泡打粉。为了能更快速精确地量取材料，最好用自己常用的勺子，并在此基础上建立自己的分量标准。

甜品

本章的目的是使用少量工具，在5分钟内做出一道甜点，并且在享用甜品之后无需清理厨房。是使用水果还是其他的食材做甜品，这些都不重要。最重要的是在我们没有足够时间专注于烹饪时，也有办法满足我们对甜食突如其来的渴望。微波炉与众不同的地方在于它能用简便的操作完成复杂的食谱，再加上几个制作小技巧，便能轻松尝试新款甜点或者“杯餐”。根据过去制作甜品的经验，再利用食品柜里的食材，就可能创造出很多新的食谱，然后你会发现其实很多食材都适合用微波炉加工。

曲奇马克杯蛋糕

分量
1人份

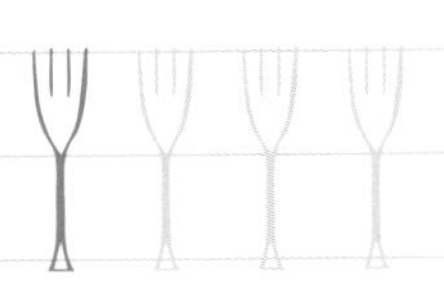

难度
简单

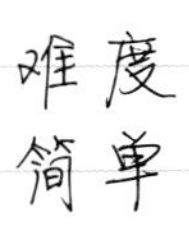

准备时间
5分钟

烘烤时间
1分钟

2~3片松化曲奇饼干（数量视饼干大小而定）；2汤匙榛子酱（40g）；10g牛奶巧克力；1/2杯牛奶（50mL）

1. 将曲奇饼干弄碎，放入马克杯中。巧克力切碎后与榛子酱和曲奇碎屑混合，最后倒入牛奶。

2. 在微波炉中用700W火力烘烤1分钟，取出后放置1分钟即可食用。

3. 很多食材都可以做这道甜品，你可以将榛子酱换成巧克力奶油，加入水果干碎，或者使用利口酒代替牛奶。

爆米花香草巧克力马克杯蛋糕

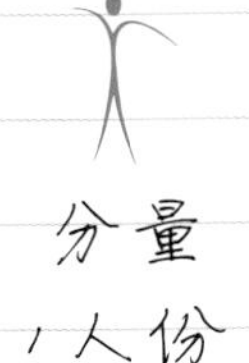

分量
1人份

1杯牛奶（100mL）；1个香草荚；1个蛋黄；1汤匙红糖（10g）；20g巧克力奶；4汤匙爆米花（20g）

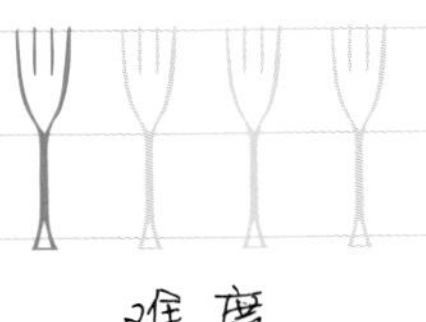

难度
简单

准备时间
5分钟

烘烤时间
40秒+1分钟

1. 在牛奶中加入切碎的香草荚并煮开。可以直接在微波炉中使用700W火力烘烤40秒，然后过滤冷却。

2. 打发蛋黄和红糖。将牛奶、打发的蛋黄和爆米花倒入马克杯，再把巧克力碎倒在最上面，用微波炉烘烤1分钟，即可出炉。

3. 这道甜品既营养丰富，又促进食欲，是小朋友和学生每日早餐的理想选择。

柠檬马克杯蛋糕

分量
1人份

1个鸡蛋黄；1个有机柠檬；4茶匙柠檬汁（约40mL）；4汤匙低筋面粉（约40g）；1汤匙+1茶匙液态黄油（20g）；2汤匙糖（约20g）；1/2茶匙泡打粉（约2g）

难度
简单

1. 打发鸡蛋和糖，加入面粉搅拌成糊状，倒入柠檬汁、液态黄油，最后加入泡打粉并混合。

2. 柠檬洗净，切成3~4片或者更多的薄片，柠檬片的数量根据你对酸度的喜好而定。

准备时间
2分钟

3. 蛋糕放入微波炉之前，用柠檬皮装饰。在微波炉中用700W火力烘烤2分钟，然后用牙签检查是否烤熟，必要时可以再烘烤10秒钟。上桌前冷却1分钟。

4. 这道甜品味道较为清淡，适合喜爱甜品但对甜度要求较低的人。

烘烤时间
2分钟

香蕉香草马克杯蛋糕

分量
1人份

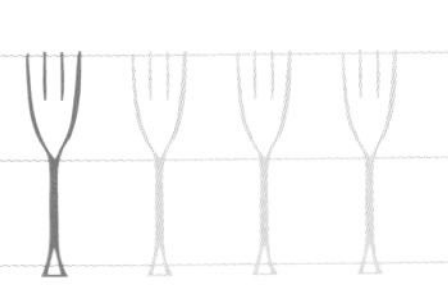

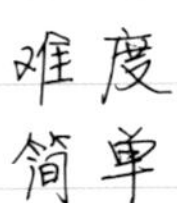

难度
简单

准备时间
8~10分钟

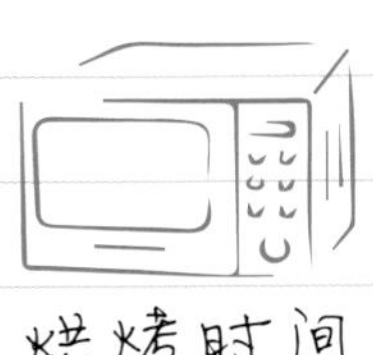

烘烤时间
2分钟

1支香蕉；1杯牛奶（100mL）；1汤匙+1茶匙黄油（约20g）；1个香草荚；1平汤匙细砂糖（10g）；1汤匙椰子粉（8~10g）；3汤匙低筋面粉（30g）；1/2茶匙泡打粉（2g）

1. 香蕉去皮，用尖头叉子碾成泥状。

2. 在牛奶中加入切碎的香草荚，煮开后过滤，再加入黄油；混合均匀后，加入细砂糖、香蕉、椰子粉、低筋面粉和泡打粉。

3. 倒入马克杯中混合，放入微波炉用600~700W火力烘烤2分钟，再用牙签检查蛋糕内部是否全部烤透。

4. 如果蛋糕没有完全烤熟，再用微波炉烘烤10~15秒。取出蛋糕冷却几分钟后即可食用。

苹果酪马克杯蛋糕

分量
2人份

1个苹果；100mL苹果汁；2满汤匙小米面（约30g）；2汤匙马铃薯淀粉（约10g）；1汤匙细砂糖（12g）；1个鸡蛋；1/2茶匙泡打粉（约2g）

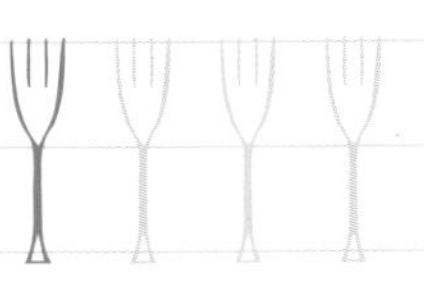

难度
简单

准备时间
6~8分钟

烘烤时间
2分钟

1. 苹果洗净，切成两半，一半切成薄片，去皮，剩下的打成果泥。

2. 打发鸡蛋和糖，加入打成泥的苹果，然后加入除苹果薄片之外的其他配料，苹果薄片用于后续装饰。

3. 将搅拌好的原料分别放入2个马克杯中，不要超过杯子容积的1/2或者2/3。

4. 将苹果薄片均匀地放入2个马克杯，用700W火力分别烘烤2分钟。如果你想同时加热2份食物，可将2个杯子在微波炉内分开放置，一起烘烤4分钟。

榛子酱白巧克力马克杯蛋糕

分量
1人份

1个鸡蛋；1汤匙无糖可可粉（约10g）；2汤匙榛子粉（约25g）；1汤匙+2茶匙红糖（20g）；30g白巧克力；2~3汤匙朗姆酒（选用）

难度
简单

1. 用擦丝器或刀将巧克力弄碎。鸡蛋打入马克杯中，加入红糖，再用叉子或小打蛋器搅拌至发泡。

2. 分多次加入可可粉和榛子粉并混合均匀。

准备时间
5分钟

3. 如果你喜欢，可加入一点朗姆酒。

4. 在微波炉中用700W火力烘烤2分钟，然后取出马克杯，用白巧克力装饰后即可食用。

5. 这道甜点味道纯正，香气四溢，十分适合在欢乐时刻享用。

烘烤时间
2分钟

里科塔奶酪浆果马克杯蛋糕

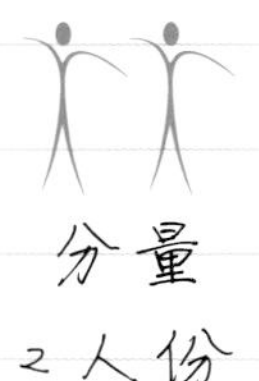

分量
2人份

100g树莓和蓝莓；100g里科塔奶酪；2汤匙马铃薯淀粉（约20g）；1汤匙细砂糖（约12g）；1个鸡蛋；3~4汤匙牛奶（约40mL）

难度
简单

1. 将里科塔奶酪倒入碗中，加入糖和鸡蛋打成柔软光滑的混合物。加入马铃薯淀粉。如果奶酪太浓稠，可以用牛奶稀释，每次加入几汤匙。

准备时间
8分钟

2. 水果洗净，留一部分用于后续装饰，其余的放入奶酪中。

3. 将混合物分别倒入2个马克杯中，在微波炉中用700W火力烘烤2分钟后取出，冷却1分钟，用刚才留出的水果装饰好即可上桌。

4. 这道甜品香气宜人，颜色清新，不仅能够满足我们的味蕾，也为我们带来视觉和嗅觉盛宴。

烘烤时间
2分钟

斯佩尔特小麦片草莓马克杯蛋糕

分量
2人份

1/2杯斯佩尔特小麦片（50g）；100g草莓；2汤匙糖（30g）；1/3杯+2汤匙全脂牛奶（100g）

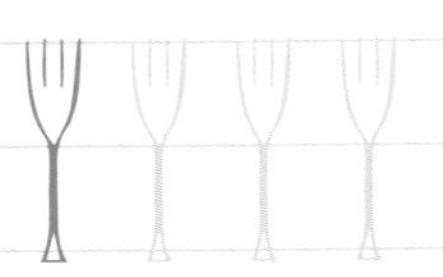

难度
简单

1. 草莓去皮，切成小块，用微波炉最大火力烘烤2分钟，然后取出冷却。

2. 将牛奶、草莓、小麦片和糖混合，分别放入2个马克杯中。

准备时间
5分钟

3. 每一只马克杯在微波炉中用700W火力各烘烤30秒，使各种食材充分融合，然后取出杯子，放置1分钟后即可上桌。

4. 这道甜品适合作为美味早餐或小吃。

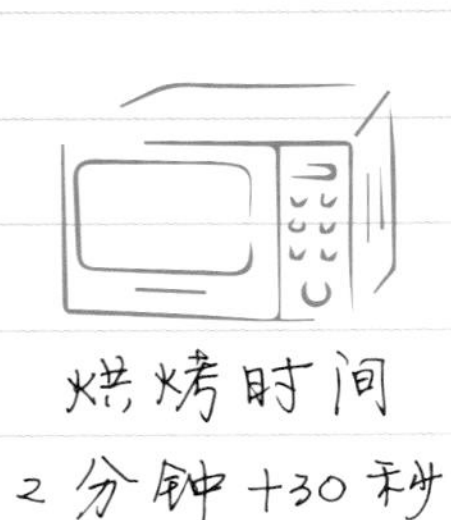

烘烤时间
2分钟+30秒

花生巧克力马克杯蛋糕

分量
2人份

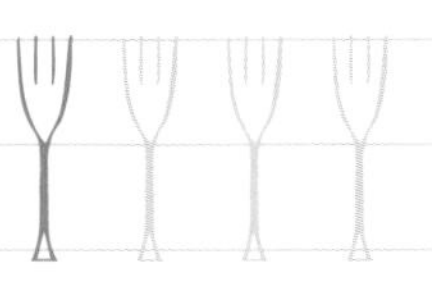

难度
简单

准备时间
8~10分钟

烘烤时间
2分钟

1个鸡蛋；1杯牛奶（100mL）；4汤匙低筋自发面粉（45g）；2平汤匙红糖（20g）；1汤匙无糖可可粉（10g）；1汤匙花生酱（20g）；20粒花生

1. 花生去壳，花生仁去皮。糖和鸡蛋混合，再加入所有其他配料，并混合至没有结块。

2. 将混合物分别倒入2个马克杯，不要超过杯子容积的1/2或者2/3，以防止蛋糕溢出。

3. 用花生仁装饰后，将马克杯放入微波炉，用700W火力烘烤2分钟。从微波炉取出前用牙签检查蛋糕是否熟透。如果没有烤透，再烘烤10秒钟。

4. 上桌前至少冷却1分钟。

巧克力橙子柠檬马克杯蛋糕

分量
2人份

1个蛋黄；1杯牛奶（100mL）；2平汤匙红糖（20g）；1汤匙无糖可可粉（10g）；1汤匙低筋面粉（10g）；1汤匙+1茶匙液态黄油（20g）；1个有机橙子；1个柠檬

难度
简单

准备时间
6~8分钟

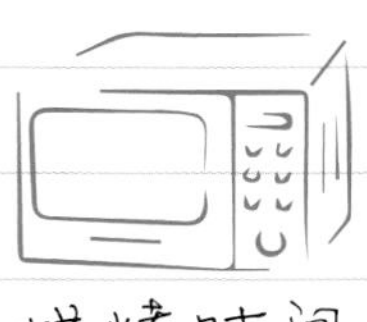

烘烤时间
1分30秒

1. 水果洗净，一半水果切丝，留作装饰备用。剩下的去皮后切成小块。

2. 打发鸡蛋和糖，加入低筋面粉和可可粉，慢慢倒入牛奶，最后放入黄油并搅拌均匀。

3. 当混合物变得光滑且没有硬块时，加入水果皮调味，混合后倒入2个马克杯。用微波炉烘烤时确保2个杯子间隔足够的距离。

4. 同时烘烤2杯食物时，需要开至最大火力烘烤3分钟；烘烤单杯食物时，需用700W火力烘烤1分30秒。烤好后冷却1分钟，然后用橙瓣和果皮装饰即可上桌。

巧克力鲜奶油马克杯蛋糕

分量
2人份

2杯牛奶（200mL）；1½汤匙无糖可可粉（15g）；2汤匙糖（25g）；1汤匙马铃薯淀粉或低筋面粉（10g）；鲜奶油（选用）

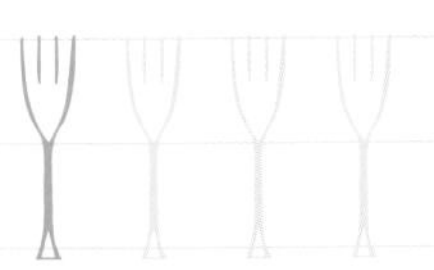

难度
简单

准备时间
8分钟

烘烤时间
1分30秒

1. 将可可粉、糖和面粉在碗里混合。慢慢倒入牛奶，持续搅拌，以避免结块。

2. 当混合物变得光滑时，分别倒入2个马克杯，在微波炉中用700W火力分别烘烤1分30秒。冷却1分钟，然后可根据需要加入鲜奶油。

3. 这是一道松软可口，奶香四溢的甜品，如果加2茶匙朗姆酒和一点辣椒，味道会更诱人。

鸡蛋奶油燕麦片马克杯蛋糕

分量
1人份

1个蛋黄；1杯牛奶（100mL）；1½汤匙燕麦粉（15g）；2汤匙燕麦片（10g）；1汤匙细砂糖（10g）；1/2茶匙泡打粉（2g）

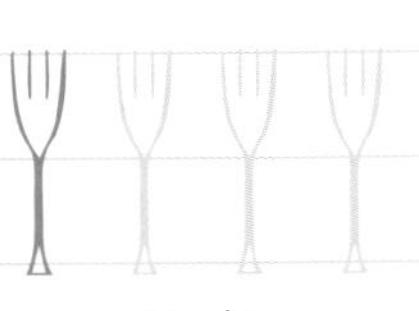

难度
简单

1. 直接在马克杯中打发蛋黄和糖，再加入燕麦粉、牛奶、一半燕麦片和泡打粉并混合均匀。

2. 当混合物变得光滑时，在上面撒上剩余的燕麦片，然后在微波炉中用700W火力烘烤2分钟，取出后冷却1分钟上桌。

3. 这道甜品可以成为非常棒的早餐。如果剩下一点，可以先保存起来，之后在常温下享用。

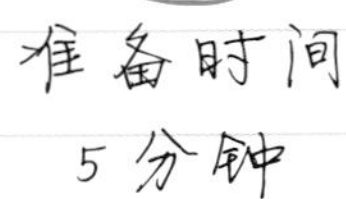

准备时间
5分钟

烘烤时间
2分钟

杏仁粉蜂蜜马克杯蛋糕

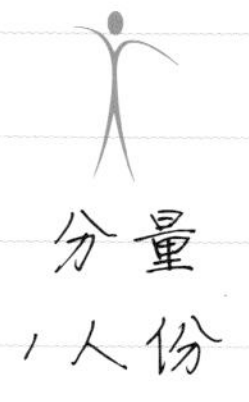

分量
1人份

1个鸡蛋；1汤匙+1茶匙黄油（20g）；3汤匙低筋自发面粉（30g）；2汤匙杏仁粉（20g）；1汤匙蜂蜜（20g）；10粒杏仁

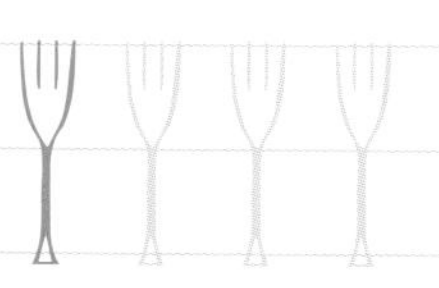

难度
简单

准备时间
5分钟

烘烤时间
2分钟

1. 在马克杯中放入黄油，用微波炉加热几秒熔化，稍微冷却后，加入鸡蛋和一半的蜂蜜并混合。

2. 加入低筋自发面粉和杏仁粉（留一些用于后续装饰）。

3. 用叉子或打蛋器搅拌，直至混合物光滑没有硬块，然后用杏仁和刚才剩下的蜂蜜、杏仁粉覆盖。

4. 在微波炉中用700W火力烘烤2分钟，冷却几分钟。由于在微波炉烘烤的过程中积蓄了热量，蛋糕被取出后，加热还会继续。

西梅椰枣马克杯蛋糕

分量
1人份

1杯橙汁（100mL）；2平汤匙低筋面粉（约20g）；2汤匙混合谷物（约25g）；2颗去核椰枣；2颗去核西梅；1汤匙+1茶匙液态黄油（20g）；1片橙子；1/2茶匙泡打粉（约2g）

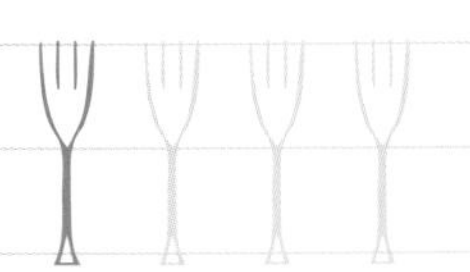

难度
简单

1. 将低筋面粉与橙汁混合，加入黄油。

2. 将西梅和椰枣切成小块。在低筋面粉中加入水果、谷物和泡打粉。当所有食材混合均匀后，倒入杯中，放入微波炉。

准备时间
8分钟

3. 用700W火力烘烤2分钟，取出后用1片橙子装饰，放置冷却1分钟即可食用。

4. 这道甜点可成为一顿香甜四溢、营养丰富的完美早餐。

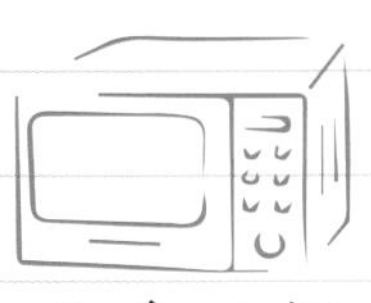

烘烤时间
2分钟

里科塔奶酪蜂蜜开心果马克杯蛋糕

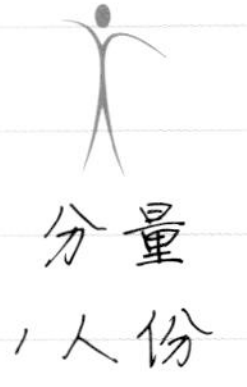

分量
1人份

100g里科塔奶酪；1满汤匙低筋面粉（约15g）；30g去壳开心果仁；1汤匙+1茶匙黄油（20g）；1汤匙百花蜜（约20g）；1/2茶匙泡打粉（约2g）

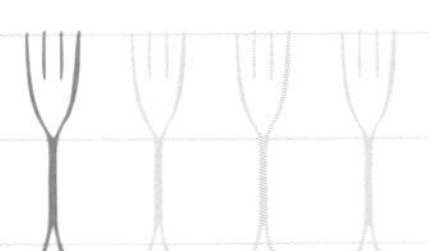

难度
简单

准备时间
5分钟

烘烤时间
10秒+2分钟

1. 将开心果仁切碎。
2. 将黄油放在马克杯中，用微波炉烘烤熔化（400W火力烘烤10秒），然后从微波炉中取出；用叉子把低筋面粉、蜂蜜、泡打粉、一半里科塔奶酪和一半开心果混合。
3. 用打蛋器将剩余的奶酪打发，然后放入剩余的开心果。
4. 将马克杯蛋糕放在微波炉中用700W火力烘烤2分钟，然后放置冷却1分钟。
5. 将奶酪和开心果混合物覆盖在蛋糕上即可食用。

素食甜品

无论是出于伦理道德还是身体健康的考虑，减少动物性食物的消耗或者成为素食主义者的趋势已经变得越来越普遍。本书也提供了适合这种生活方式的食谱。当然，从甜品中去掉鸡蛋、黄油、糖和牛奶略显得奇怪。然而，用麦芽糖、枫糖浆、大豆黄油及谷物（如燕麦和大米）饮品代替这些食材，我们也可以做出美味健康的甜品。同样，微波炉也能发挥作用。微波炉能够让我们用精心挑选的食材快速做好美味的甜点。本章推荐的食谱非常适合做早餐、小吃或者惬意的下午茶，而且老少皆宜。

榛子酱谷物马克杯蛋糕

分量
1人份

难度
简单

准备时间
5分钟

烘烤时间
1分钟

3汤匙膨化小麦（约35g）；10粒榛子；2汤匙榛子酱（40g）；3汤匙豆奶（30mL）

1. 榛子去壳，切碎。将所有配料倒入耐热玻璃杯，用叉子搅拌。

2. 在微波炉中用700W火力烘烤1分钟，使各种配料充分融合，冷却30秒后即可上桌。

3. 在这道诱人的甜品中，我们利用榛子和榛子酱中丰富的油脂和营养物质弥补了少糖的遗憾。

大米布丁鲜果谷物马克杯蛋糕

分量
2人份

1满杯混合谷物片（约30g）；50g大米布丁；50g蓝莓；4颗树莓和4颗草莓；2个李子；1/2个梨；2汤匙枫糖浆（10g）

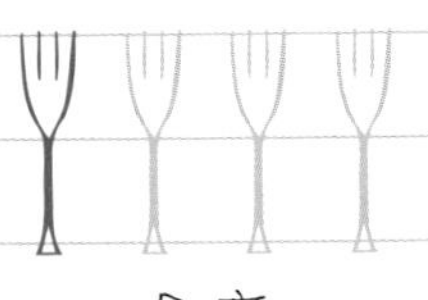

难度
简单

1. 所有水果洗净，蓝莓、树莓、草莓去蒂，梨去皮。将梨和李子切成小块，留做备用。

2. 将谷物片与大米布丁、蓝莓、草莓和枫糖浆混合。搅拌后分别倒至2个马克杯约一半的位置。

准备时间
8分钟

3. 用700W火力烘烤2分钟，静置冷却1分钟，放上切块的梨和李子。

4. 这道甜品既可以是一顿丰盛的早餐，也可以作快捷的午餐，而且口味清淡，能让人享受谷物与水果的温暖和软糯。

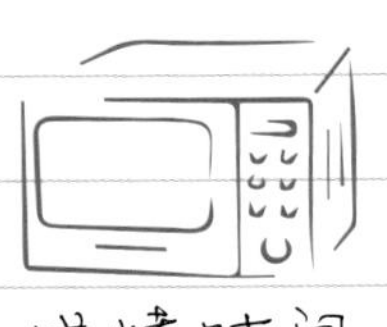

烘烤时间
2分钟

蓝莓酸豆奶爆米花马克杯蛋糕

分量
2人份

1杯爆米花（约20g）；100g蓝莓；3汤匙+1茶匙酸豆奶（50g）；1/2杯苹果汁（50mL）

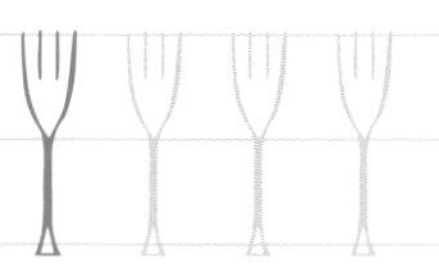

难度
简单

准备时间
10分钟

烘烤时间
1分钟

1. 洗净蓝莓沥干。在碗中将爆米花、酸豆奶、苹果汁与蓝莓混合。

2. 将混合物分别倒入2个马克杯中，在微波炉中用700W火力烘烤1分钟。在微波炉中的时间越长，稻米片越能充分地和其他食材融合，注意烘烤时间也不能过长，否则蛋糕会变得松散干燥。

3. 这道用蓝莓装点的甜点，在加热后蓝莓颜色变得更加诱人。

红色浆果小米马克杯蛋糕

分量
1人份

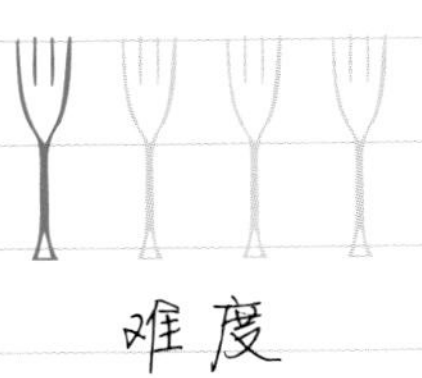

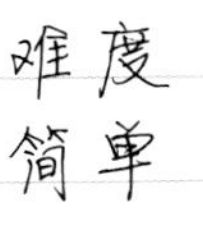

准备时间
15分钟

烘烤时间
8分钟+2分钟

2汤匙小米（30g）；150g草莓和树莓；1汤匙+1茶匙麦芽糖浆（25g）

1. 仔细洗净草莓和树莓，不要在水里浸泡；草莓去皮切片，在纸巾上晾干。

2. 小米放入容器中，再加入2倍于其体积的水，在微波炉中用最大火力烘烤8分钟，然后冷却。

3. 将小米和麦芽糖混合后倒入适用于微波炉的马克杯中，不要超过马克杯容量的一半，再嵌入草莓和树莓。

4. 在微波炉中用700W火力烘烤2分钟，再和剩余的水果一起食用。

5. 这道甜品香甜美味，散发春天的芬芳气息，是一款可随时享用的蛋糕。

香草蔬菜奶油可可马克杯蛋糕

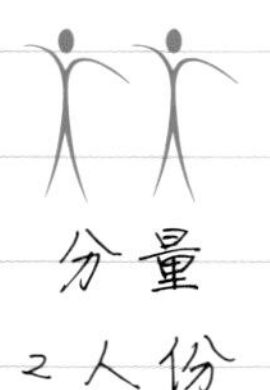

分量
2人份

1½汤匙无糖可可粉（15g）；2汤匙低筋自发面粉（20g）；1/2杯+5汤匙植物奶油（200g）；1汤匙+1茶匙液态大豆黄油；1杯米浆（100mL）；1汤匙+1茶匙麦芽糖浆（25g）；2个香草荚

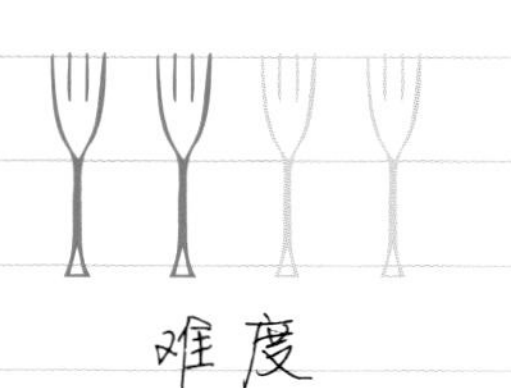

难度
稍难

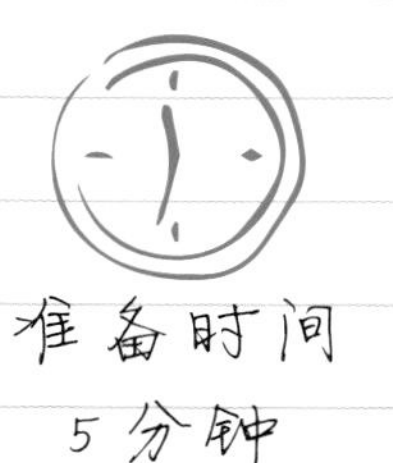

准备时间
5分钟

烘烤时间
1分钟+2分钟

1. 压碎1个香草荚，把里面的香草籽放入米浆并煮开（在微波炉中用最大火力加热1分钟），然后冷却。压碎另1个香草荚，把里面的香草籽与植物奶油混合。

2. 在面粉中加入可可粉，慢慢倒入香草米浆、大豆黄油、麦芽糖浆，然后在微波炉中烘烤。烘烤时长取决于杯子的大小，以及个人对蛋糕软硬度的喜好。

3. 我们建议你烘烤几分钟后查看一下，再决定是否继续加热。1杯的量用600W火力烘烤2分钟足矣。最后加上植物奶油即可上桌。

巧克力椰子粉风干葡萄酒香蕉马克杯蛋糕

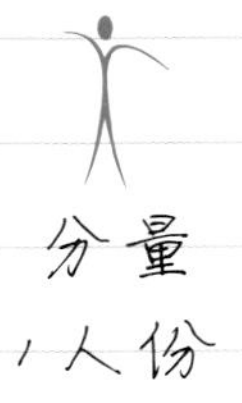

分量
1人份

1个小香蕉；2汤匙白杏仁（约10g）；50g黑巧克力；1汤匙椰子粉（10g）；1小杯风干葡萄酒或其他甜葡萄酒（50mL）

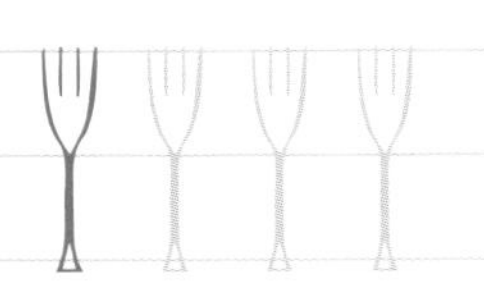

难度
简单

1. 巧克力掰成块，放入马克杯中，在微波炉中烘烤熔化。（最大火力加热1分钟）

2. 香蕉去皮切片，加入风干葡萄酒中，再与椰子粉混合。

准备时间
5分钟

3. 巧克力烘烤后，加入步骤2的混合物，并用叉子混合均匀，然后放入微波炉中，用600W火力烘烤1分钟。从微波炉中取出，在上面撒上白杏仁。

4. 这道甜点可用来作为午餐或正式晚餐的餐后甜品。它简单美味，只需几分钟即可做好。

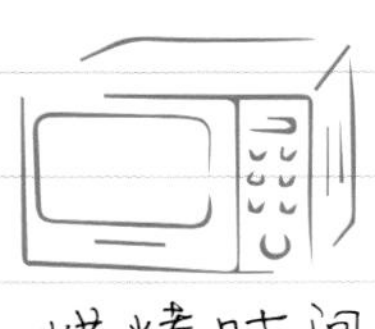

烘烤时间
1分钟+1分钟

黑巧克力香蕉红椒马克杯蛋糕

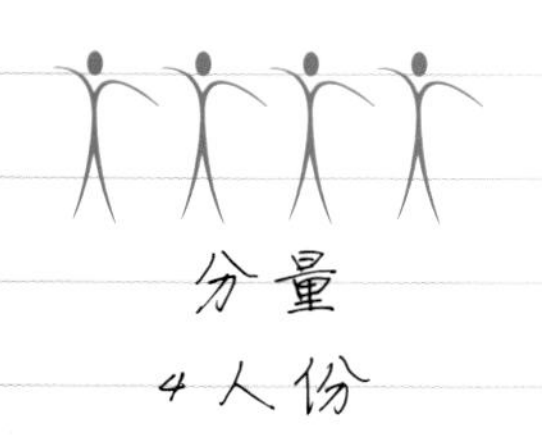

准备时间
6~7分钟

烘烤时间
50秒

2个小香蕉；2汤匙低筋面粉（20g）；2汤匙无糖可可粉（20g）；2杯豆奶（200mL）；1汤匙+2茶匙麦芽糖浆（30g）；4支干辣椒

1. 香蕉去皮，切成圆片。干辣椒洗净晾干。用低筋面粉和豆奶混合物溶解可可粉和麦芽糖，并用打蛋器混合均匀。

2. 当混合物顺滑没有硬块时，加入香蕉，再根据喜好加入整只或部分干辣椒。

3. 将混合物分别倒入4个小马克杯中，在微波炉中用700W火力烘烤50秒，然后取出，冷却30秒即可上桌。

4. 这道甜品极为简单且准备便捷，是一款能够满足最挑剔味蕾的完美低脂食物。

苹果汁小米马克杯蛋糕

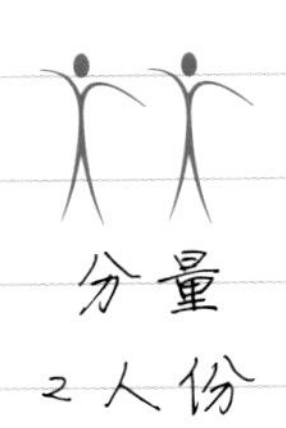

分量
2人份

1/4杯小米面（30g）；1/4杯玉米淀粉（30g）；1杯苹果汁（100mL）；2汤匙玉米油（20g）；1个苹果；2汤匙松仁（约20g）；1汤匙枫糖浆（15g）

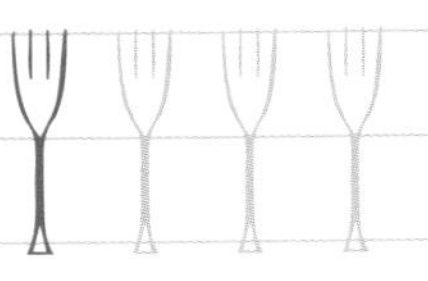

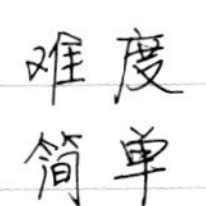

难度
简单

1. 在碗中混合小米面和玉米淀粉，然后加入苹果汁和玉米油。把混合物搅拌均匀，再分别倒入2个马克杯中，不要超过杯子容量的一半。

2. 苹果洗净，带皮切成小块，放入马克杯中。相比其他配料苹果会更脆硬，但与其他松软的食材搭配会非常可口。

3. 用枫糖浆和松仁装饰蛋糕，在微波炉内用最大火力烘烤2分钟。冷却1分钟即可上桌。

准备时间
10分钟

烘烤时间
2分钟

大米燕麦奶马克杯蛋糕

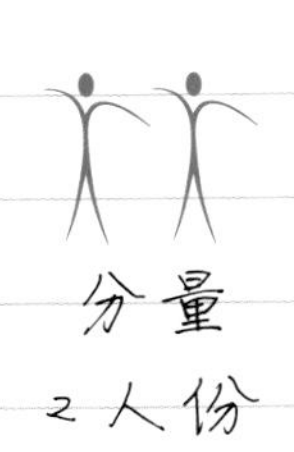

分量
2人份

100g大米；1汤匙红色水果干（约15g）；1杯燕麦奶（100mL）；1杯杏仁奶（100mL）；1汤匙白杏仁（约10g）；1½汤匙杏仁粉（10g）

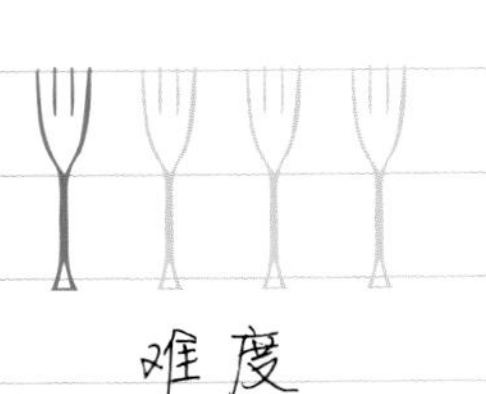

难度
简单

1. 大米淘洗干净，加入200mL水，在微波炉中用700W火力烘烤8分钟，取出后冷却2分钟。
2. 加入燕麦奶、杏仁奶、水果干和杏仁粉，搅拌至混合均匀。
3. 将混合物分别倒入2个马克杯中，用700W火力各烘烤2分钟，如果2杯一起烤需4分钟。
4. 从微波炉中取出杯子，冷却1分钟，用白杏仁装饰后即可上桌。
5. 这是一道味道自然的美味甜品，它是代餐的极佳选择。

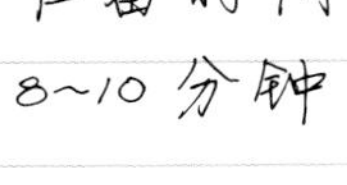

烘烤时间
8分钟+2分钟

葡萄干玉米马克杯蛋糕

分量
2人份

1/4杯玉米淀粉（30g）；2满汤匙低筋自发面粉（30g）；2汤匙+2茶匙大豆黄油（40g）；1杯米浆（100mL）；1汤匙+1茶匙麦芽糖浆（20g）；1汤匙松仁（约10g）；2汤匙葡萄干（约15g）

难度
简单

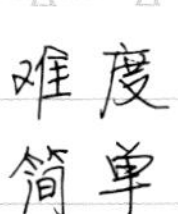

1. 将葡萄干浸泡在半碗温水中，洗净晾干，用葡萄干的水和面。

2. 大豆黄油熔化后加入玉米淀粉，混合后用米浆稀释，再加入和好的低筋自发面粉。如果混合物太硬或太黏稠，慢慢倒入洗葡萄干的水。

准备时间
5~6分钟

3. 最后，加入一半葡萄干，一半松仁和所有麦芽糖浆，搅拌后分别倒入2个马克杯中，再撒上剩余的葡萄干和松仁。

4. 每个马克杯用700W火力各烘烤2分钟，再用牙签检查是否熟透，冷却1分钟即可上桌。

烘烤时间
2分钟

梨汁杏仁肉桂马克杯蛋糕

分量
1人份

1/4杯燕麦粉（20g）；1汤匙低筋面粉（10g）；1汤匙枫糖浆（15g）；1/2杯梨汁（50mL）；1/2个梨；1汤匙玉米油（10g）；1/2茶匙泡打粉（2g）；1/2茶匙肉桂粉（2g）；1茶匙白杏仁（约5g）

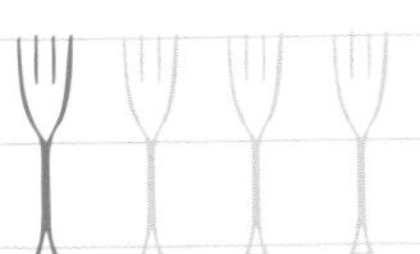

难度
简单

1. 梨洗净切成小片。

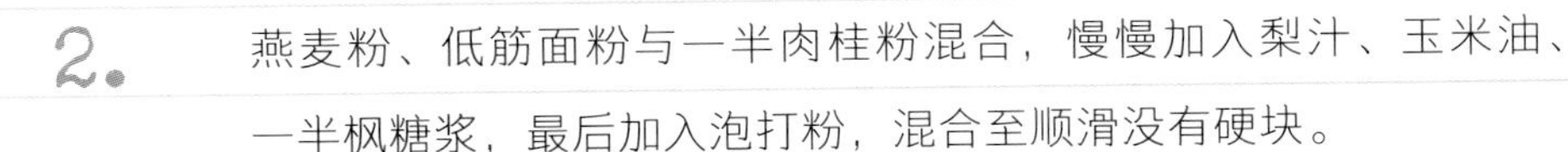

2. 燕麦粉、低筋面粉与一半肉桂粉混合，慢慢加入梨汁、玉米油、一半枫糖浆，最后加入泡打粉，混合至顺滑没有硬块。

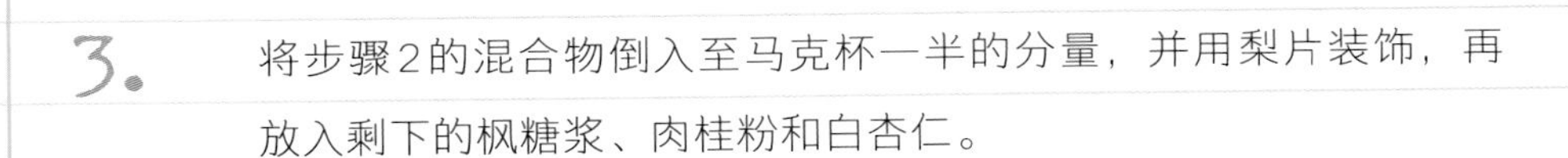

3. 将步骤2的混合物倒入至马克杯一半的分量，并用梨片装饰，再放入剩下的枫糖浆、肉桂粉和白杏仁。

准备时间
5~6分钟

4. 在微波炉中用700W火力烘烤2分钟，然后用牙签检查是否熟透。如果还没有全熟，可再烘烤10秒钟。

5. 这道甜品闻起来很棒，梨的清脆和蛋糕的柔软给人不同的口感享受。

烘烤时间
2分钟

摩卡植物奶油马克杯蛋糕

分量
2人份

4片松脆饼干；1汤匙土豆淀粉（10g）；1/2杯威士忌（50mL）；100mL特浓咖啡；2汤匙麦芽糖浆（30g）；植物奶油（分量根据个人口味而定）；2颗咖啡豆（装饰用）

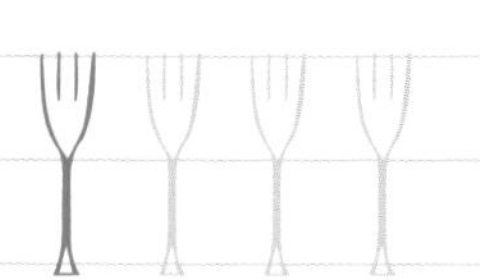

难度
简单

1. 饼干掰碎后分别装入2个马克杯，再倒入威士忌。

2. 特浓咖啡混合100mL水，再加入土豆淀粉和麦芽糖浆；然后倒在饼干碎上，不要超过马克杯的一半。

准备时间
5分钟

3. 在微波炉用700W火力烘烤2分钟，然后取出并冷却1分钟，再覆盖上奶油，用咖啡豆装饰即可。

4. 这道甜点能在茶余饭后给人带来强烈的幸福感。不同口感、味道和色调的食材搭配在一起格外诱人。

烘烤时间
2分钟

大米布丁苹果马克杯蛋糕

分量
1人份

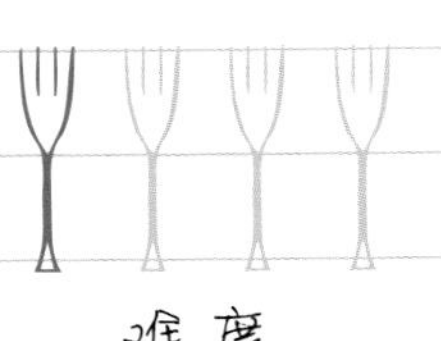

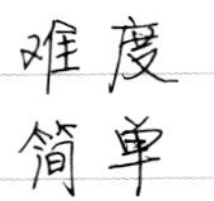

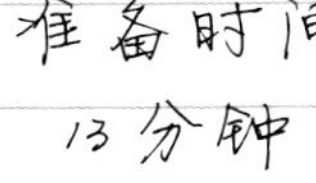

烘烤时间
10分钟+2分钟

3汤匙+1茶匙大豆奶油（50g）；1汤匙+1茶匙米粉（15g）；1个苹果；2汤匙枫糖浆（10g）

1. 苹果洗净，放入1个大马克杯中，在微波炉中用700W火力烘烤10分钟，直至苹果变软。

2. 在另1个马克杯中加入大豆奶油、米粉和枫糖浆，用小打蛋器混合均匀后，把苹果放入混合物中。

3. 用最大火力在微波炉中再次烘烤2分钟，然后冷却1分钟。

4. 这款甜点散发着迷人的香气，苹果的口感从脆硬到柔软也带来不同的体验。因为所有苹果含水丰富，比含蛋白质和脂肪丰富的食材需要更长的烘焙时间，所以事先单独加热效果会更好。

草莓谷物马克杯蛋糕

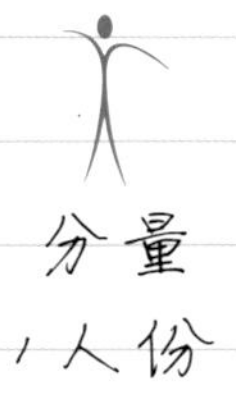

分量
1人份

4~6颗草莓；大约1杯混合谷物片（约20g）；1汤匙燕麦奶油（15g）；1/2杯苹果汁（50mL）

难度
简单

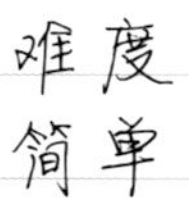

准备时间
5分钟

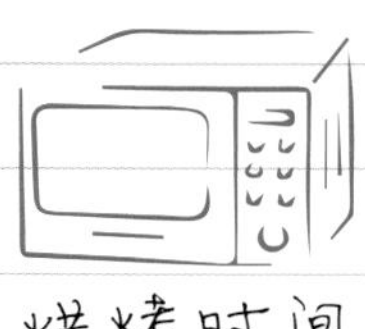

烘烤时间
1分30秒

1. 洗净草莓后去皮，切成小块。将谷物片、苹果汁和草莓块放入1个马克杯中，混合后覆盖上奶油，再放入微波炉中。

2. 700W火力烘烤1分30秒，这个过程中水果与谷物会融合在一起，蛋糕味道会更香甜。

3. 这道口味清淡新鲜的甜点非常适合做早餐，它闻起来很香，加入了苹果汁甜味也十分自然。

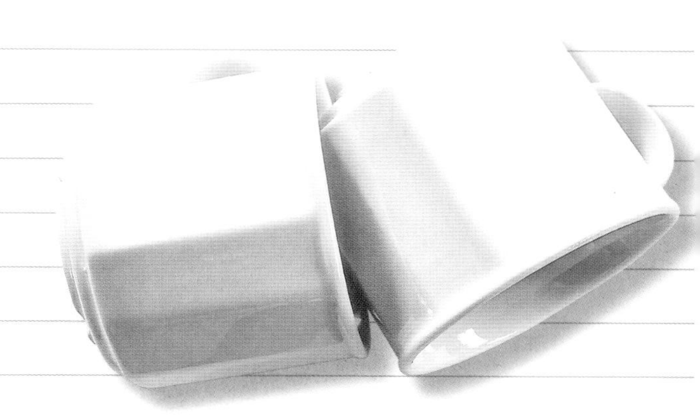

混合果肉葡萄酒枫糖浆马克杯蛋糕

分量
1人份

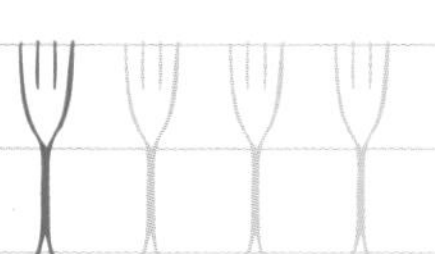

难度
简单

准备时间
8分钟

烘烤时间
2分钟

1/2个苹果和1/2个有机梨；10粒罐头樱桃；1杯葡萄酒（100mL）；1茶匙红胡椒、丁香和豆蔻混合物；2汤匙枫糖浆（10g）；1茶匙柠檬果皮丝

1. 苹果和梨洗净切成小块。根据个人喜好可去皮，也可不去。

2. 把水果放入马克杯中，加入红酒、樱桃、香料和枫糖浆，混合均匀后在微波炉中用最大火力烘烤2分钟。此时水果会保持脆硬，若你喜欢口感偏软的水果，可以再烘烤1~2分钟。

3. 冷却1分钟，以柠檬皮装饰后即可食用。

4. 这道甜点香气宜人，红胡椒、丁香和豆蔻的麻香，枫糖浆的甜香和红酒的酒香，使它的香气丰富而独特。

风味点心

比萨的味道，地中海的气息，香草、香料和辣椒的风味……“风味点心”这一章推荐的15款快速简单的马克杯蛋糕食谱中包含了这些美味的元素，它们在马克杯中散发着诱人的香气。这一章我们提供了多款能在短时间内准备好的有异域风味点心，以及由于使用新的烹饪方式在几分钟内就能给我们带来惊喜的食谱。其中有8分钟就能出炉的美味香草蛋糕，也有5分钟就能做好的奶油奶酪蛋糕，还有15分钟即可完成的菠菜开胃蛋糕。想想如果使用传统烘焙方式需要花费至少两三倍时间的食物，在这么短的时间内就能做好，是多么令人惊奇。那么它们的味道如何呢？微波炉的快速烘焙方式通常能够强化食物的气味和味道。

菠菜马克杯蛋糕

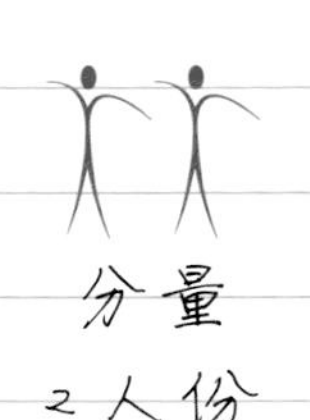

分量
2人份

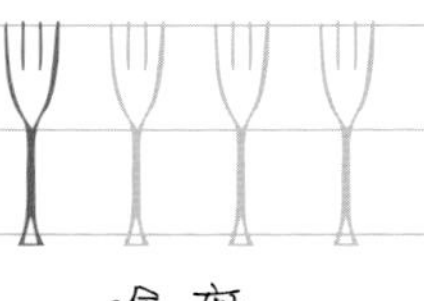

难度
简单

准备时间
15分钟

烘烤时间
2分钟+2分钟

2个鸡蛋；2杯淡奶油（200mL）；30g里科塔奶酪；3汤匙低筋面粉（30g）；50g菠菜叶；1汤匙特级初榨橄榄油（10g）；盐和胡椒粉

1. 菠菜叶洗净，切下10片叶子备用。其余的菠菜用水煮一下，也可以在微波炉中用600W火力烘烤2分钟，但不要忘记加1汤匙水防止菠菜叶变干，然后冷却1分钟，沥干水后切碎。

2. 鸡蛋混合奶油、奶酪、低筋面粉、煮过的菠菜、盐和胡椒后打发。分别倒入2个马克杯中，不要超过杯子容量的1/2。

3. 分别在微波炉中用600W火力各烘烤2分钟，用牙签检查是否熟透。如果你想让蛋糕表面变的焦黄，选择烧烤模式烘烤10分钟，但首先要参考微波炉使用手册上的操作说明，切记不要用塑料容器。

4. 上桌前用事先留下的菠菜叶装饰。

洋蓟马克杯蛋糕

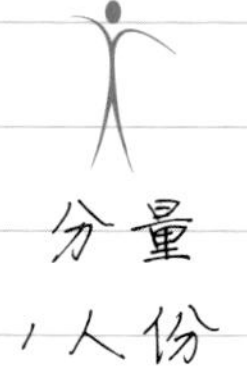

分量
1人份

难度
简单

准备时间

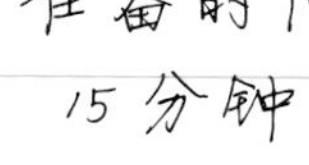

烘烤时间
2分钟

1个洋蓟；30g里科塔奶酪；1汤匙低筋面粉（10g）；2汤匙牛奶（20mL）；1/4杯帕马森干酪碎（30g）；1汤匙特级初榨橄榄油（10g）；盐和胡椒

1. 洋蓟洗净，切下外面坚硬的叶子，切掉顶部的1/3，蒸10分钟，然后晾干，再在表面涂满橄榄油。

2. 在马克杯中将里科塔奶酪和一半帕马森干酪碎混合，加入牛奶和低筋面粉，适量的盐和胡椒，将洋蓟浸入奶酪汁。

3. 在微波炉中用600W火力烘烤2分钟，取出后撒上剩下的帕马森干酪，冷却1分钟即可上桌。

豆荚马克杯蛋糕

分量
2人份

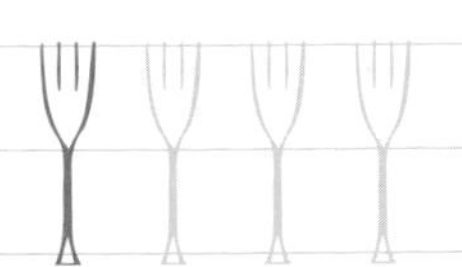

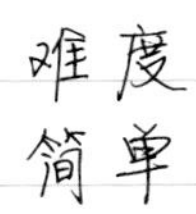

准备时间
10分钟

烘烤时间
3分钟

3/4杯低筋面粉（80g）；1汤匙姜黄；1杯水（100mL）；10个豌豆荚和5粒蚕豆；2汤匙特级初榨橄榄油（20g）；1茶匙奇亚籽（3g）；1茶匙泡打粉（4g）；盐和胡椒

1. 从豆荚去壳中取出豌豆，冲洗后滤干。用3汤匙水溶解姜黄。

2. 选择1个较大的马克杯（够2人份），在杯中混合低筋面粉和泡打粉，加入适量的水搅拌至混合物光滑没有硬块。把步骤1的豌豆和姜黄水倒入马克杯并混合均匀，再加入适量橄榄油、盐和胡椒调味。

3. 加入蚕豆，在上面撒上奇亚籽，在微波炉中用700W火力烘烤3分钟。冷却1分钟，然后分成2份。

4. 这款蛋糕非常特别，蚕豆香脆，面团绵软，所以非常适合替代面包或搭配沙拉和蔬菜一起食用。

西红柿酸豆马克杯蛋糕

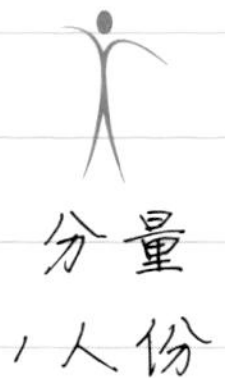

分量
1人份

1个鸡蛋；3汤匙低筋面粉（30g）；1½汤匙特级初榨橄榄油（15g）；10颗咸酸豆；1/2茶匙泡打粉（2g）；2颗成熟的樱桃番茄；盐和胡椒粉

难度
简单

1. 樱桃番茄洗净后切成小块，再沥干多余水分。咸酸豆浸泡在水里去盐，然后在自来水下反复冲洗，再用纸巾轻轻拍干水分，将其中一半切碎。

准备时间
10分钟

2. 将低筋面粉与泡打粉、鸡蛋混合。加2汤匙水稀释，如果有必要可多加一些水，但一次只加入1勺。搅拌至混合物顺滑、黏稠且没有结块。最后加入剩下的没有切的咸酸豆，再加入1汤匙橄榄油、盐和胡椒粉调味。

3. 在马克杯中用一半的樱桃番茄块、一半切碎的咸酸豆和半汤匙橄榄油做底。

烘烤时间
2分钟

4. 将步骤2的混合物倒入马克杯中，再用剩余的樱桃番茄和所有的咸酸豆覆盖在上面。在微波炉中用700W火力烘烤2分钟。

5. 这道甜品中各食材的黏稠度和气味对比强烈，充满了地中海的风味。

葱香马克杯蛋糕

2个鸡蛋；1棵大葱；1杯牛奶（100mL）；1满汤匙低筋面粉（约15g）；1/4杯帕马森干酪碎（30g）；1小块黄油（20g）；盐和胡椒

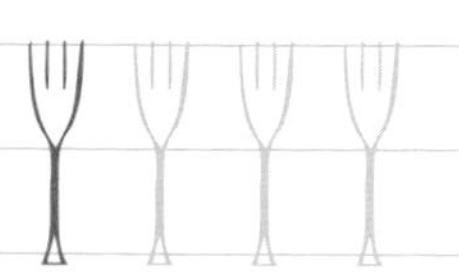

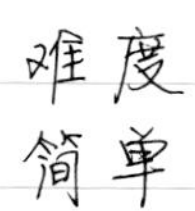

1. 葱洗净，去掉葱叶和根部比较硬的部分，再切成圈。

2. 黄油和葱混合（留下一些葱圈作装饰），再用小火慢慢加热几分钟。你也可以用微波炉，先加2汤匙水，再用600W火力预先烘烤4分钟，然后检查是否达到了你想要的状态。切记从微波炉中取出的蔬菜必须冷却2分钟，这个过程中加热还在继续。

准备时间
12分钟

3. 沥干煮好的葱里的水分。打发鸡蛋和帕马森干酪，加入面粉、牛奶、煮过的葱、盐和胡椒。

4. 把混合物倒进马克杯，用剩下的葱圈点缀，在微波炉中用600W火力烘烤4分钟，冷却2分钟后从杯中取出，分成2等份后即可上桌。

烘烤时间
4分钟+4分钟

火腿奶酪马克杯蛋糕

2/3杯低筋面粉（40g）；1杯牛奶（100mL）；1个鸡蛋；2汤匙玉米油（20g）；40g意大利芳提娜奶酪；2片火腿（40g）；1/2茶匙泡打粉（2g）；盐和胡椒

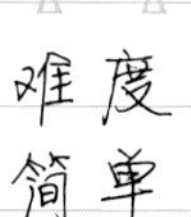

1. 把意大利芳提娜奶酪分成2份，1份切碎，1份切成小块。

2. 将低筋面粉、牛奶、鸡蛋、玉米油和一半的奶酪混合，奶酪块和奶酪碎各放一部分。搅拌至混合物顺滑没有结块时，加入适量盐和胡椒。

准备时间
10分钟

3. 在2个马克杯中分别加入泡打粉，并沿杯壁放入火腿片。然后将混合物倒入，不要超过杯子容量的1/2或2/3。

4. 无需担心火腿片高出杯子边缘，在烘烤过程中它会被蛋糕吸收。

5. 每个杯子在微波炉中用700W火力各烘烤2分钟，然后冷却1分钟，撒上剩下的奶酪即可上桌。无论是现做现吃，还是放置到常温下品尝，这款蛋糕都很开胃。它可以作为正餐的开胃头盘，也可以成为一顿营养丰富的早餐。

斯特拉西诺干酪鸡蛋奶油马克杯蛋糕

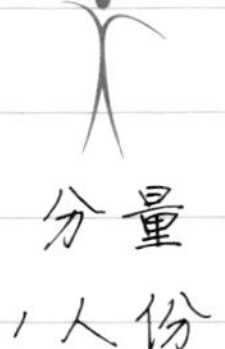

分量
1人份

1个鸡蛋；50g斯特拉西诺干酪或其他脂肪含量高的奶酪；2汤匙淡奶油（25mL）；盐和胡椒

难度
简单

准备时间
5分钟

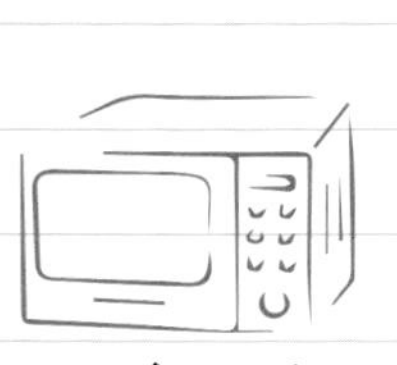

烘烤时间
2分钟

1. 在马克杯杯底放入1汤匙奶油，撒上一半干酪，在干酪上直接打上1个鸡蛋。

2. 加入剩下的奶酪和奶油，用少许盐和足量的胡椒（磨碎）调味。

3. 在微波炉中用400W火力烘烤2分钟，然后冷却1分钟即可上桌。

4. 这款蛋糕质地松软，入口即化，不同食材的味道很好地融合在一起，而且做起来简单快捷，是一道极好的开胃小吃。

地中海风味马克杯蛋糕

分量
1人份

准备时间
8分钟

烘烤时间
3分钟

1个鸡蛋；1/2杯牛奶（50mL）；3汤匙低筋面粉（30g）；1个小西红柿；1/2个紫皮洋葱；1枝新鲜的牛至；1汤匙特级初榨橄榄油（10g）；盐

1. 准备好蔬菜，洋葱切丝，西红柿切片。

2. 将鸡蛋、牛奶、低筋面粉、橄榄油和盐放入马克杯；搅拌至混合物顺滑没有结块。

3. 加入洋葱和牛至叶，将西红柿片塞入蛋糕。

4. 在微波炉中用600W火力烘烤3分钟，然后用牙签检查是否烤透。必要时再烘烤10~15秒，直至理想的软硬度。冷却2分钟即可享用。

5. 这款令人愉悦的马克杯蛋糕，以其诱人的颜色让你沉浸在夏日的气息中。

南瓜红胡椒马克杯蛋糕

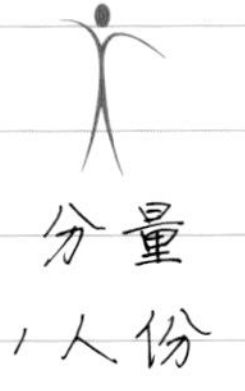

分量
1人份

1/4杯大麦仁（50g）；2片卷心菜叶；100g南瓜；40g里科塔奶酪；1/2茶匙红胡椒；1汤匙特级初榨橄榄油（10g）；盐

难度
简单

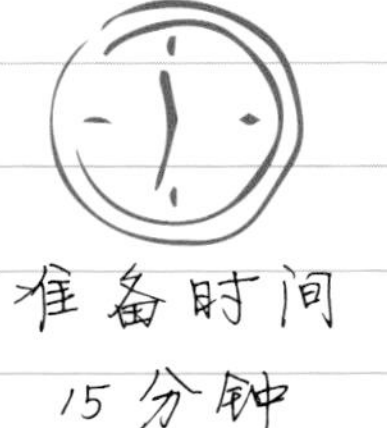

准备时间
15分钟

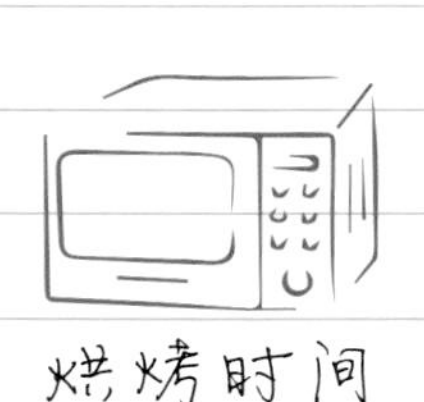

烘烤时间
10分钟+2分钟

1. 卷心菜叶洗净切丝。南瓜去皮去丝切片，再将蔬菜和奶酪混合。

2. 大麦仁用自来水淘洗干净，再加上2倍于大麦仁体积的水，在微波炉中用最大火力加热10分钟。冷却2分钟，沥干后用橄榄油调味。

3. 将蔬菜加入大麦仁中，根据口味放盐，加入红胡椒调味，倒入马克杯，在微波炉中用700W火力烘烤2分钟。

4. 这款点心可作为香气味道绝佳的头盘，让你的味蕾在谷物的松软和蔬菜的脆嫩之间流连。

西葫芦奶酪配琉璃苣马克杯蛋糕

3汤匙低筋面粉（30g）；1/2杯牛奶（50mL）；50g软皮奶酪；5片琉璃苣叶；1个小西葫芦；1个鸡蛋；1/2茶匙泡打粉（2g）；盐和胡椒粉

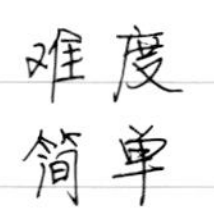

1. 西葫芦洗净，切掉根部后切碎；琉璃苣叶洗净后切碎；奶酪切片。

2. 将低筋面粉和鸡蛋混合；在马克杯中慢慢倒入牛奶，再加入泡打粉，用打蛋器或叉子打发后，加入切好的琉璃苣和西葫芦。

3. 加入适量盐和胡椒粉，将奶酪浸入混合物，在微波炉中用最大火力烘烤2分钟，然后冷却1分钟。用可食用的鲜花或香草装饰后即可上桌。

4. 这道食谱将蔬菜的鲜脆和面团的柔软结合在一起，是代餐的极佳选择。如果你喜欢还可以从马克杯中取出蛋糕，切片后配上沙拉酱食用。

茄子马苏里拉奶酪马克杯蛋糕

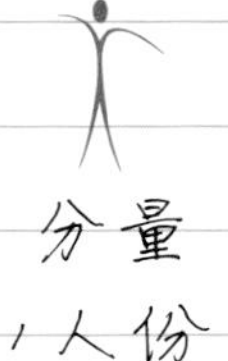

分量
1人份

8薄片烤茄子；100g马苏里拉奶酪；2小个熟西红柿；2枝新鲜薄荷；2汤匙特级初榨橄榄油（20g）；盐和胡椒粉

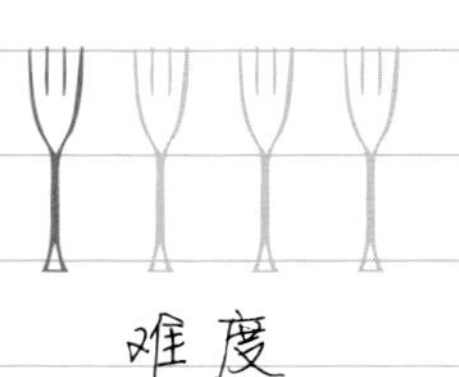

难度
简单

准备时间
5分钟

烘烤时间
2分钟

1. 薄荷洗净，把一部分叶子切碎（剩余的留下用于后续装饰），然后放在盘中，根据口味加入橄榄油、盐和胡椒粉混合。

2. 西红柿洗净切片；将西红柿和茄子浸入步骤1调好味的橄榄油中；马苏里拉奶酪切片。

3. 选择1个马克杯，放入茄子、西红柿、马苏里拉奶酪（留一半备用），在微波炉中用700W火力烘烤2分钟，然后取出，用剩下的马苏里拉奶酪和薄荷装饰后即可上桌。

4. 这道口味新鲜清淡的食谱，把不同口感的食物结合在一起，薄荷强烈的气息和其他材料搭配得恰到好处。

玉米淀粉香肠西红柿马克杯蛋糕

分量
2人份

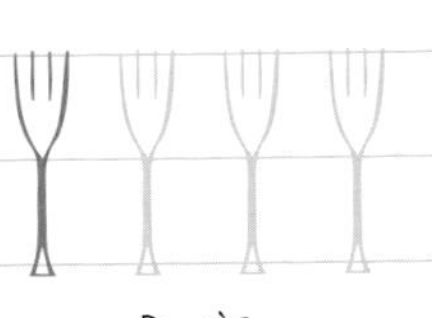

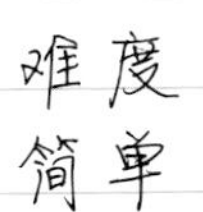

准备时间
6~7分钟

烘烤时间
2分钟

2汤匙低筋面粉（20g）；3汤匙玉米淀粉（30g）；4个樱桃番茄；80g香肠；1汤匙特级初榨橄榄油（10g）；1/2茶匙泡打粉（2g）；盐和胡椒粉

1. 西红柿洗净切成小片；去掉香肠的肠衣。

2. 低筋面粉和匀再放入泡打粉，慢慢加入橄榄油和3~4汤匙水，混合至面粉变得柔软光滑。

3. 将香肠与樱桃番茄混合，加入适量盐和胡椒粉。香肠已经调过味，不要调味过重。

4. 把混合物分别倒入2个马克杯，每杯都在微波炉中用700W火力烘烤2分钟，然后取出，冷却1分钟后即可上桌。

5. 在做饭时间不够时，这款蛋糕很适合代餐。

虾肉西葫芦马克杯蛋糕

分量
2人份

难度
稍难

准备时间
10分钟

烘烤时间
2分钟

2个西葫芦；2个干番茄；4只鲜虾；2满汤匙酸奶油（30mL）；2枝带叶的欧芹；2汤匙特级初榨橄榄油（20g）；盐和胡椒粉

1. 欧芹洗净沥干；橄榄倒入盘子里，再加入适量盐和胡椒粉。

2. 西葫芦洗净，用擦丝器纵向擦丝，然后浸入调好味的橄榄油中。干番茄浸入温水中，然后沥干。鲜虾去头去壳，然后洗净，放在纸巾上晾干后也浸入油中。

3. 将番茄和虾放入2个较深的咖啡杯中，并用西葫芦丝包裹在周围。分别在微波炉中用600W火力烘烤2分钟，然后冷却30秒。用酸奶油、带叶的欧芹装饰后即可上桌。

4. 这是一道香气四溢的开胃点心，虾肉的柔软与欧芹的鲜脆交融，非常适合搭配开胃酒。

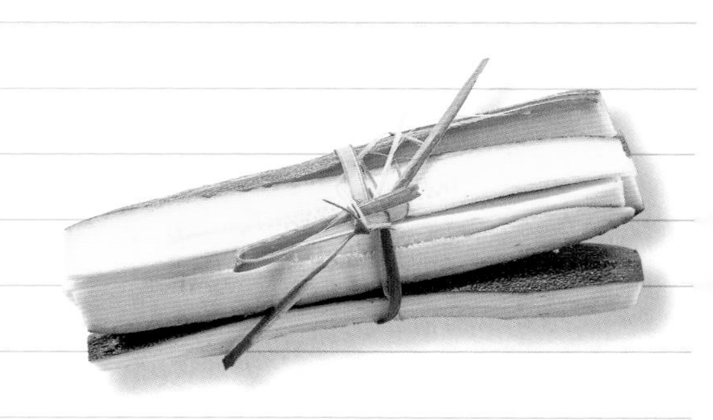

培根奶酪芦笋马克杯蛋糕

分量
2人份

4汤匙低筋面粉（40g）；4片培根；2个煮熟的土豆；50g里科塔奶酪；1/4杯帕马森干酪碎（30g）；4支芦笋；1个鸡蛋；2汤匙玉米油（20g）；1/2茶匙泡打粉（2g）；4茶匙牛奶（20mL）；盐和胡椒粉

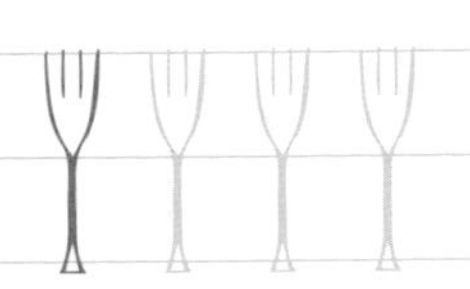

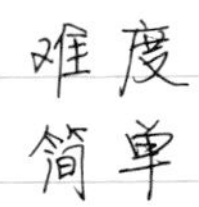

难度
简单

1. 芦笋洗净切成圆形，去掉坚硬的部分。

2. 把土豆捣成柔软细腻的糊状。加入鸡蛋、里科塔奶酪、低筋面粉、玉米油、帕马森干酪和泡打粉，搅拌至混合物变得柔软顺滑。如果混合物太稠，可加入牛奶稀释。

准备时间
10分钟

3. 加入适量盐和胡椒粉调味。把2/3的芦笋加入步骤2的混合物中。马克杯底部铺一层培根，把混合物倒至马克杯的一半。用剩下的芦笋装饰。烘焙过程中，培根会与蛋糕整合。

4. 每个马克杯在微波炉中用700W火力各烘烤2分钟，食用前冷却1分钟。

烘烤时间
2分钟

香辣虾配哈瓦那辣椒马克杯蛋糕

分量
2人份

1个鸡蛋；1/2杯低筋面粉（40g）；4只鲜虾；1汤匙特级初榨橄榄油（10g）；1只小哈瓦那辣椒；1茶匙泡打粉（4g）；盐

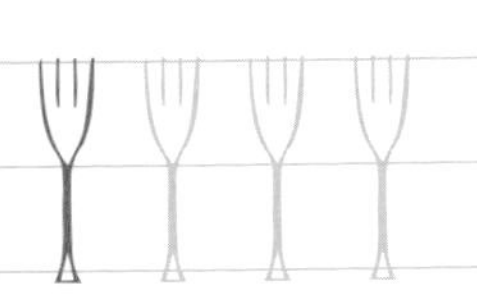

难度
简单

准备时间
10分钟

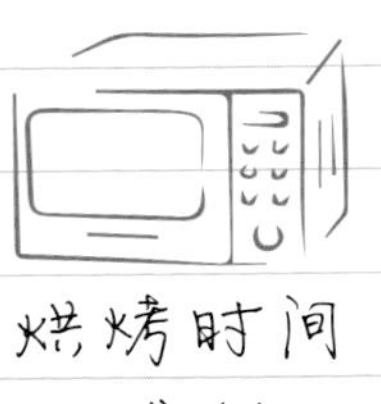

烘烤时间
2分钟

1. 鲜虾去头去壳后切成小片。辣椒洗净，用量视个人口味而定。

2. 低筋面粉中加入泡打粉、鸡蛋、橄榄油和盐，一次加1汤匙水搅拌至混合物变得柔软顺滑且没有硬块。再加入辣椒和虾并混合均匀。

3. 将步骤2的混合物分别倒入2个马克杯中，在微波炉中用700W火力各烘烤2分钟。如果混合物水太多，杯子过满，蛋糕可能会溢出，但从微波炉取出，蛋糕温度下降后它的质地会变硬一些，体积也会缩小一些。冷却1分钟后即可上桌。

4. 哈瓦那辣椒是世界上最辣的辣椒之一，但也是辣椒中香气最浓烈的。这款马克杯蛋糕诱人而开胃，适合搭配蔬菜和沙拉或和鱼肉类的主菜一起食用。

风味素食点心

全麦面粉、小米、黑麦和燕麦等都是烘焙美味的比萨和馅饼的原料，这些食材很适合那些希望通过饮食改善健康的人们。同时，为了表示对地球上其他物种的尊重，人们选择食用应季蔬菜来替代动物性的蛋白质。当然，我们也在寻找能够解决当前这种忙碌生活方式所带来的问题的饮食方法。马克杯蛋糕就是解决方法之一，它不仅满足了我们对素食的要求，而且省时省力，用5~15分钟就能做出香喷喷的食物。最后，值得一提的是，马克杯蛋糕的一大优点是能够准备适合1~2个人食用的少量食物，这就意味着能够减少食物浪费。

小米面燕麦奶油西蓝花马克杯蛋糕

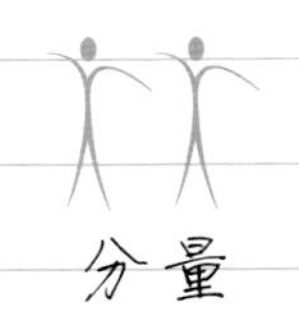

分量
2人份

50g燕麦粉；50g小米面；100g掰成小朵的菜花和西蓝花；7汤匙燕麦奶油（100mL）；1满汤匙芝麻（10g）；1汤匙特级初榨橄榄油（10g）；1茶匙泡打粉（4g）；夏威夷海盐

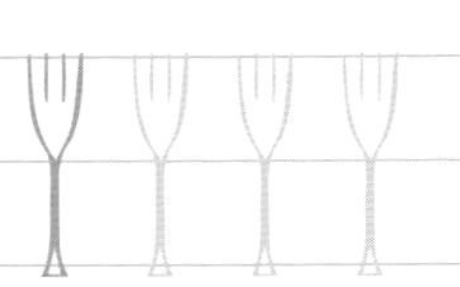

难度
简单

准备时间
8分钟

烘烤时间
2分钟

1. 准备好菜花和西蓝花并切碎。
2. 混合燕麦粉和小米面，加入泡打粉，然后慢慢加入燕麦奶油，混合搅拌至混合物顺滑。
3. 将橄榄油、蔬菜和混合物倒入马克杯，表面撒上夏威夷海盐和芝麻。
4. 在微波炉中用700W火力烘烤2分钟，然后取出放置冷却1分钟。
5. 如果倒入马克杯中的食材差不多满了，烘烤时蛋糕可能溢出。如果希望溢出的部分形状固定，可以在杯子和混合物之间插入羊皮纸做成蛋糕的边缘。

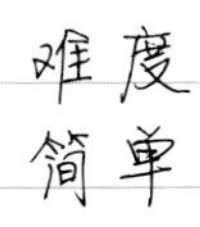

百里香西葫芦葵花籽马克杯蛋糕

分量
2人份

100g煮熟晾干的小米；3勺大豆奶油（40mL）；2个番茄；1个小西葫芦；4枝百里香；1汤匙葵花籽（8g）；4汤匙特级初榨橄榄油（40g）；盐和胡椒粉

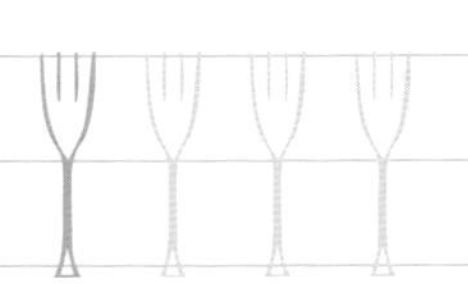

难度
简单

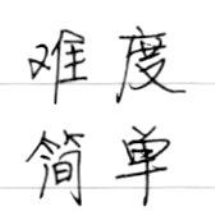

准备时间
5分钟

烘烤时间
2分钟

1. 西葫芦洗净，切除根部，然后切成小块。

2. 番茄洗净，切成喜欢的大小。准备好百里香，去掉坚硬部分后切细。

3. 小米、大豆奶油、2汤匙橄榄油和一半蔬菜混合，加入适量盐和胡椒粉。

4. 将混合物分别倒入2个马克杯中，每杯撒上半汤匙葵花籽，在微波炉中用600W火力各烘烤2分钟，然后冷却1分钟，再用剩余的蔬菜、葵花籽、橄榄油和百里香装饰后即可上桌。

5. 这道食谱非常适合作头盘，小米的软糯和蔬菜的清脆形成了鲜明对比。

香草马克杯蛋糕

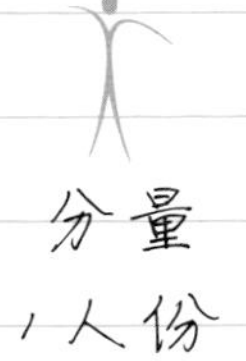

分量
1人份

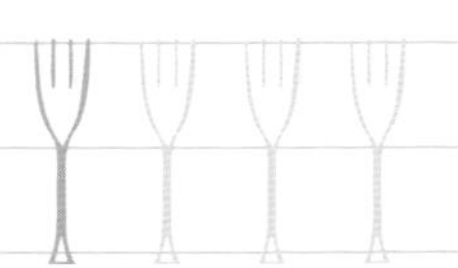

难度
简单

准备时间
7分钟

烘烤时间
2分钟

3汤匙全麦面粉（30g）；1汤匙低筋面粉（15g）；1小棵葱；1束混合香草（欧芹、鼠尾草、牛至、墨角兰）；1/2杯米浆（50mL）；2汤匙特级初榨橄榄油（20g）；1/2茶匙泡打粉（2g）；盐和胡椒粉

1. 准备好香草和小葱，洗净晾干后切碎。

2. 全麦面粉和低筋面粉混合，加入泡打粉（可以直接使用马克杯混合）。再慢慢加入米浆，当混合物变得柔软光滑没有硬块时，加入切碎的香草。

3. 加入适量的盐和胡椒粉调味，再加入1汤匙橄榄油混合均匀，最后在表面浇上1汤匙橄榄油。

4. 在微波炉中用最大火力烘烤2分钟，然后用牙签检查是否全部烤熟（牙签必须非常干净）。可以在微波炉中自然冷却后取出蛋糕并切成片，搭配沙拉或蔬菜食会用更美味。

洋葱荨麻叶大麦马克杯蛋糕

分量
1人份

1/4杯大麦粒（50g）；100g荨麻尖；1个洋葱；4汤匙大豆奶油（50mL）；2汤匙特级初榨橄榄油（20g）；盐和胡椒粉

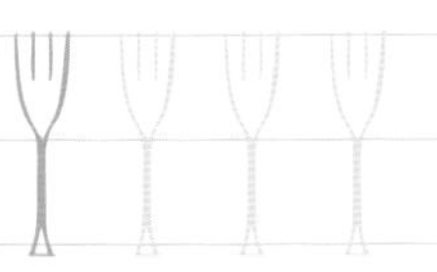

难度
简单

准备时间
15分钟

烘烤时间
2分钟+10分钟+1分钟

1. 荨麻备好，切去坚硬的部分，只保留叶子。叶子加水后在微波炉中用最大火力煮2分钟，沥干后冷却。

2. 洋葱去皮切丝，与荨麻叶、橄榄油和奶油混合。

3. 大麦仁用水淘洗干净（烘焙前预先处理好），然后加入2倍于大麦仁体积的水，在微波炉中用最大火力烘烤10分钟。静置3分钟后，检查大麦仁的稠度，然后倒出多余水分。

4. 步骤2的混合物与大麦仁混合后再加入调味料，根据口味放入盐和胡椒粉，然后再次放入微波炉用600W火力烘烤1分钟，冷却1分钟后即可上桌。

5. 通常情况下准备这样一道菜需要的时间更长，但是微波炉让我们用比较少的时间就能享用到这道美食。

燕麦片葵花籽蚕豆马克杯蛋糕

分量
1人份

4汤匙燕麦片（约20g）；3汤匙+1茶匙黑麦粉（20g）；4汤匙大豆白汁（50mL）；4个蚕豆荚；1茶匙葵花籽（约3g）；1茶匙香菜籽（约1g）；1汤匙特级初榨橄榄油（10g）；1/2茶匙泡打粉（2g）；盐和胡椒粉

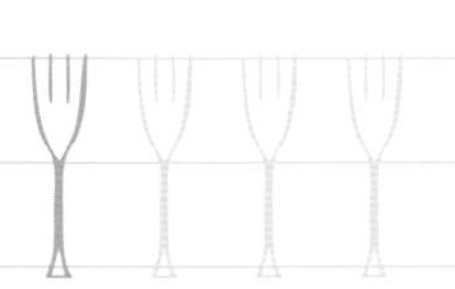

难度
简单

准备时间
5分钟

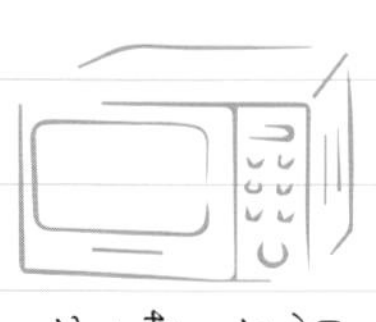

烘烤时间
2分钟

1. 蚕豆去壳，将燕麦片与黑麦粉、泡打粉、橄榄油混合，然后加入大豆白汁，每次1勺。必要时加1汤匙水，搅拌至混合物顺滑。

2. 放入蚕豆、一半香菜籽和葵花籽，加入适量盐和胡椒粉并混合均匀，再将剩余的香菜籽和葵花籽覆盖在混合物表面。

3. 在微波炉中用最大火力烘烤2分钟，然后取出，冷却1分钟后即可上桌。

4. 这款马克杯蛋糕香气浓郁，味道丰富，可以作为小零食，也可以作为头盘，还可以冷却后切成片食用。

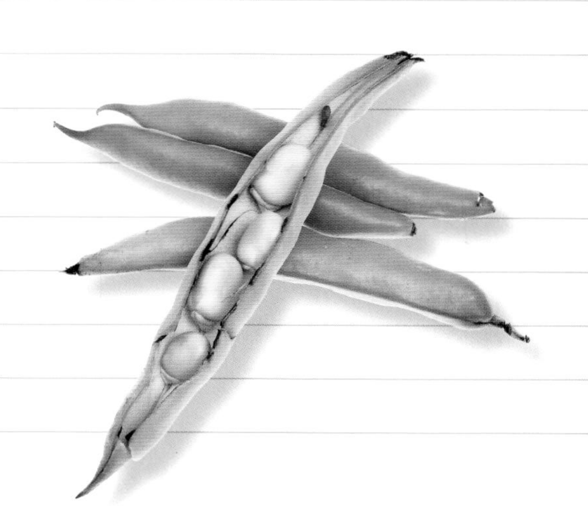

南瓜花燕麦奶油马克杯蛋糕

分量
2人份

7汤匙燕麦粉（40g）；1个小西葫芦；4朵南瓜花；3汤匙+1茶匙燕麦奶油（50g）；2汤匙特级初榨橄榄油（20g）；1茶匙泡打粉（4g）；盐和胡椒粉

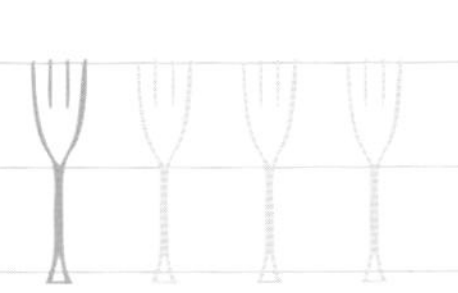

难度
简单

准备时间
10分钟

烘烤时间
2分钟

1. 准备好南瓜花，切成小片；西葫芦洗净切碎。

2. 燕麦粉与橄榄油、奶油混合，如果混合物过稠，可加入2汤匙水稀释。

3. 放入泡打粉，当混合物变得顺滑没有硬块时，加入西葫芦和南瓜花，再加入适量盐和胡椒粉。

4. 将混合物分别倒入2个马克杯中，每杯在微波炉中用700W火力各烘烤2分钟，或2杯一起烘烤4分钟，取出后冷却1分钟即可上桌。

5. 在微波炉中烘烤，静置冷却的时间非常重要。在这个过程中加热仍在继续，所以刚烤完的蛋糕看上去很软也无需担心，取出后耐心等待冷却时间结束，你将能看到一个完美的蛋糕。

卷心菜马克杯蛋糕

分量
2人份

4片卷心菜叶；1个紫色洋葱；1个干辣椒；4汤匙黑麦粉（40g）；2汤匙特级初榨橄榄油（20g）；1/2茶匙泡打粉（2g）；酱油；盐

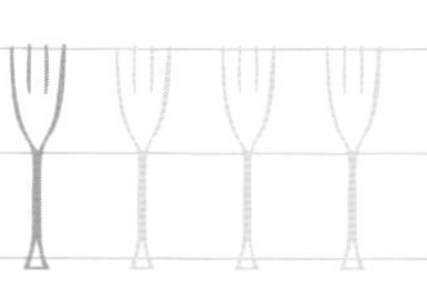

难度
简单

1. 卷心菜叶洗净，选2片切碎。准备好紫洋葱，切成圈状（包括青色部分），取2/3与卷心菜混合。

2. 黑麦粉中加入泡打粉，再慢慢加入100mL水混合。在切好的蔬菜、橄榄油、干辣椒中加入适量盐并混合均匀。

准备时间
8~10分钟

3. 选取足够大的马克杯并铺上1片卷心菜叶，倒入混合物，再用1片卷心菜叶覆盖。

4. 在微波炉中用700W火力烘烤3分钟，然后取出冷却1分钟，搭配酱油和剩余的洋葱即可食用。

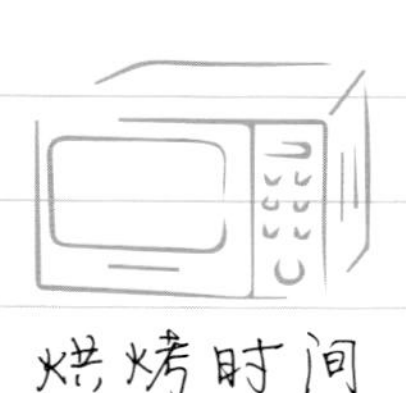

烘烤时间
3分钟

5. 这款马克杯蛋糕味道可口，保持了卷心菜的新鲜和色泽，是蔬菜的鲜脆和黑麦的松软的完美结合。

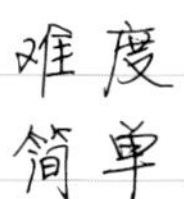

玉米粒香米燕麦奶油马克杯蛋糕

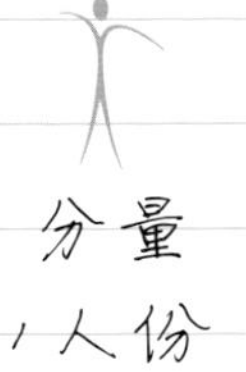

分量
1人份

50g印度香米；30g煮玉米；100g掰成小朵的宝塔菜花；1汤匙+1茶匙大豆黄油（20g）；2汤匙燕麦奶油（30g）；盐和胡椒粉

难度
简单

准备时间
12分钟

烘烤时间
8分钟+1分钟

1. 宝塔菜花备好后切成比玉米粒略大的小块。宝塔菜花和玉米粒混合在一起（留一些宝塔菜花用于后续装饰），加入适量盐和胡椒粉，倒入燕麦奶油。

2. 用自来水将米淘洗干净，在米中加入2倍于其体积的盐水，在微波炉中用700W火力煮8分钟，然后在微波炉中冷却几分钟。

3. 倒出多余水分后和蔬菜混合，加入大豆黄油并在微波炉中用600W火力烘烤1分钟。冷却好再用剩下的西蓝花装饰后即可上桌。

4. 这款蛋糕中大米的松软和宝塔菜花的清脆在口感和色泽上形成强烈对比，是很好的搭配。

干番茄牛至酸豆全麦面马克杯蛋糕

分量
1人份

4汤匙全麦面粉（40g）；10颗咸酸豆；2个干番茄；1茶匙芝麻盐；1/2个辣椒（磨成粉）；1枝牛至；2汤匙特级初榨橄榄油（20g）；1/2茶匙泡打粉（2g）

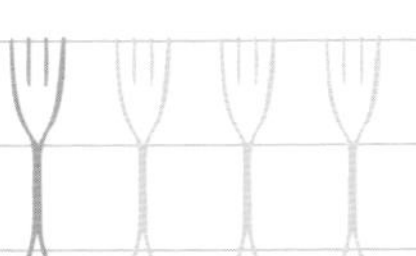

难度
简单

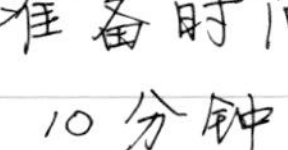

准备时间
10分钟

烘烤时间
2分钟

1. 将干番茄浸泡在温水中，5分钟后取出沥干，再和橄榄油混合。

2. 咸酸豆浸入水中去盐，然后用自来水反复冲洗几次，沥干后切碎。牛至洗净，轻轻拍干后切碎，然后和一半的咸酸豆、辣椒粉、芝麻盐混合。

3. 用3或4汤匙水搅拌全麦面粉，直至混合物变得顺滑、柔软、有黏性。加入步骤2的混合调味料、泡打粉、番茄和切碎的咸酸豆，将各种食材混合均匀。

4. 将混合物倒入马克杯，不要超过杯子容积的2/3，在微波炉中用700W火力烘烤2分钟，冷却后用香草和可食用花朵装饰即可食用。

5. 这款蛋糕准备时间很短，可以作为替代面包的绝佳选择。如果放置到冷却，可以把蛋糕取出并切片，再搭配蔬菜和沙司一起食用。

西蓝花芝麻红辣椒杂粮马克杯蛋糕

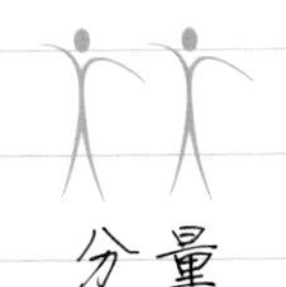

分量
2人份

4汤匙全麦面粉（40g）；2汤匙+2茶匙小米面（20g）；2汤匙玉米淀粉（20g）；100g西蓝花；1汤匙芝麻（8g）；1支干辣椒；2汤匙特级初榨橄榄油（20g）；1茶匙泡打粉（4g）；盐

难度
简单

1. 西蓝花备好切成小块，干辣椒碾碎。
2. 全麦面粉、小米面、泡打粉混合，加入半杯水，每次1汤匙。可以直接用马克杯混合。

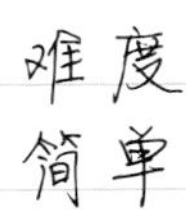

准备时间
8~10分钟

3. 当面团变得光滑柔软时，加入西蓝花、橄榄油、半汤匙芝麻、适量干辣椒并混合均匀。最后，在上面撒上剩余的芝麻、干辣椒和适量盐。
4. 在微波炉中用700W火力烤制3分钟，然后取出，冷却2分钟即可食用。这款蛋糕既适合做头盘，也适合切成片搭配蛋糕食用。

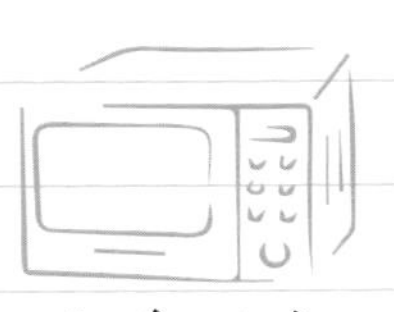

烘烤时间
3分钟

小扁豆胡萝卜马克杯蛋糕

分量
2人份

100g小扁豆；1个胡萝卜；2瓣大蒜；1棵葱；1枝迷迭香；2汤匙燕麦奶油（30g）；2汤匙特级初榨橄榄油（20g）；盐和胡椒粉

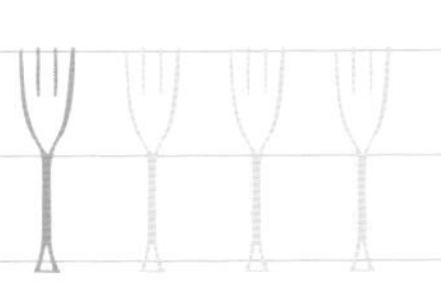

难度
简单

准备时间
20~22分钟

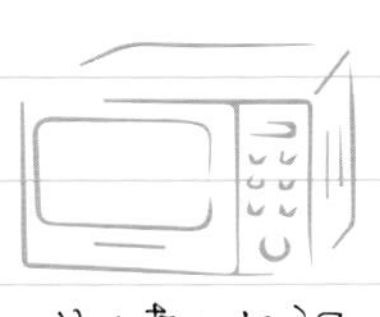

烘烤时间
15分钟+2分钟

1. 迷迭香切碎；准备好胡萝卜和葱，切成小块。

2. 小扁豆用自来水冲洗干净，加入2倍于其体积的水，同一半蔬菜和大蒜一起，在微波炉中用最大火力煮15分钟。

3. 从微波炉中取出小扁豆，倒出多余的水，扔掉大蒜，加入适量盐和胡椒粉。放入剩下的蔬菜、燕麦奶油、橄榄油，混合后在微波炉中用700W火力再次烘烤2分钟，取出后冷却2分钟即可食用。

4. 这款马克杯蛋糕香气浓郁，除了能够开胃，比起传统烘焙方式，还可以快速完成。如果使用小扁豆罐头，制作的时间会更短。

小米甜菜叶红辣椒马克杯蛋糕

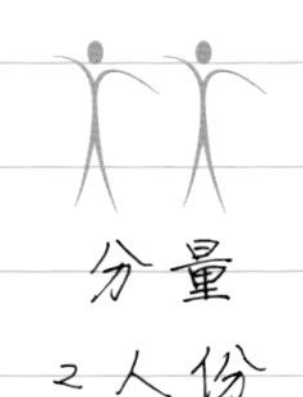

分量
2人份

4汤匙小米（40g）；50g甜菜叶；1个胡萝卜；1个西葫芦；1个小番茄；2汤匙特级初榨橄榄油（20g）；1个干辣椒；盐和胡椒粉；1个柠檬（选用）

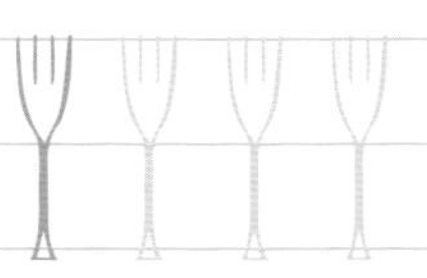

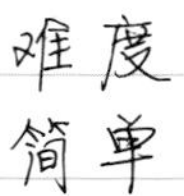

难度
简单

准备时间
15分钟

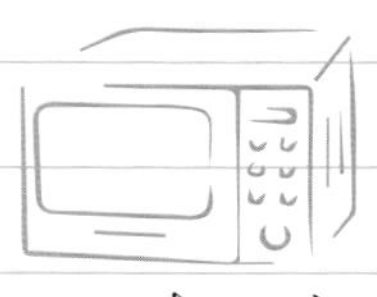

烘烤时间
10分钟+
1分30秒

1. 所有蔬菜洗净，全部切成小块。甜菜叶在盐水中煮至半熟，煮软后倒出水。

2. 小米淘洗干净，加入2倍于其体积的盐水后，在微波炉中煮10分钟，取出后立刻放入蔬菜，也加入甜菜叶。

3. 用橄榄油、盐、胡椒粉和辣椒调味；再次在微波炉中用700W火力烘烤1分30秒，冷却2分钟后即可上桌。

4. 这是一道颜色和口味极佳的混合食物，温热时食用是替代头盘的绝佳选择，或者放冷后用鲜榨柠檬汁调味，作为沙拉食用。

白汁干果全麦意面马克杯蛋糕

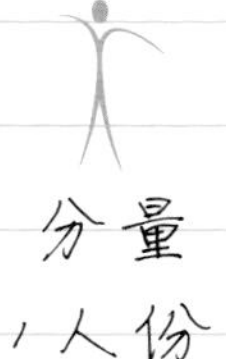

分量
1人份

70g全麦意大利面；1汤匙松子、杏仁的混合干果；1汤匙葡萄干（7g）；4汤匙大豆白汁（50mL）；盐和胡椒粉

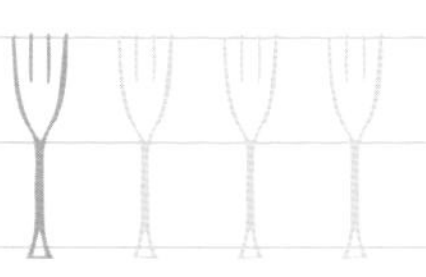

难度
简单

准备时间
5~6分钟

烘烤时间
2分钟+1分钟

1. 将葡萄干浸泡在温水中，然后晾干。加入意大利面和2倍于意大利面体积的水，在微波炉中用700W火力煮2分钟。

2. 取出意大利面冷却一会，再加入白汁、干果和葡萄干混合均匀；加入适量盐和胡椒粉后，将意面倒入马克杯中，在微波炉中用600W火力烘烤1分钟，然后冷却1分钟即可食用。

3. 这款蛋糕准备起来方便快捷，很适合作为头盘。它将意大利面的中性口味与葡萄干的酸甜和胡椒的辛辣完美地结合在了一起。

咖喱核桃大米马克杯蛋糕

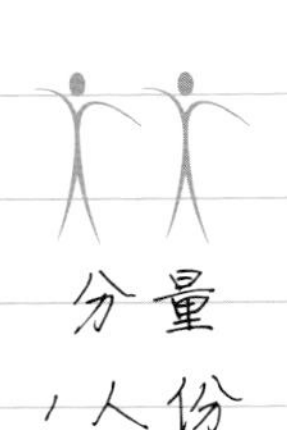

分量
1人份

100g大米；1个洋葱；8个核桃仁；4枝百里香；1½汤匙咖喱（10g）；4汤匙大豆奶油（50mL）；2汤匙特级初榨橄榄油（20g）；盐

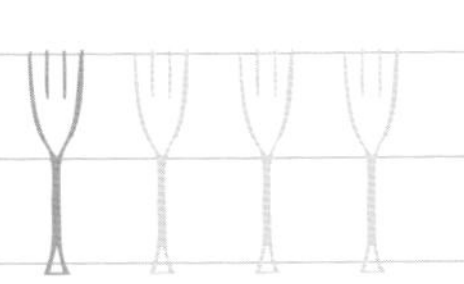

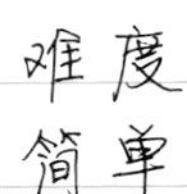

难度
简单

1. 洋葱去皮切丝。用大豆奶油与咖喱混合。

2. 大米淘洗干净，加入2倍于大米体积的盐水，在微波炉中用最大火力煮8分钟，冷却1分钟后倒出多余水分。

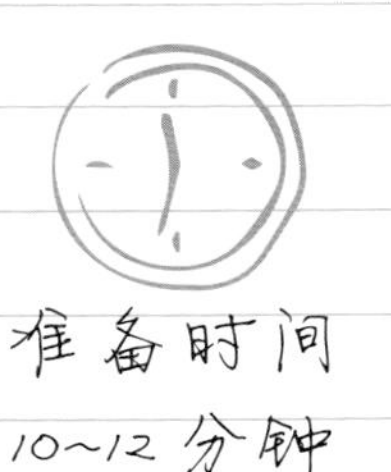

准备时间
10~12分钟

3. 大米与2枝百里香叶子、咖喱奶油、橄榄油、核桃仁混合，加入适量盐。混合好后分别倒入2个马克杯，每杯在微波炉中用最大火力各烘烤1分钟，然后冷却1分钟，再用剩余的百里香叶子装饰后即可食用。

4. 这款甜点香气浓郁，丰富的颜色让人食欲大开，适合作为头盘，同时也是一款能在短时间做好的意大利调味饭。

烘烤时间
8分钟+1分钟

甜椒豌豆大米马克杯蛋糕

分量
1人份

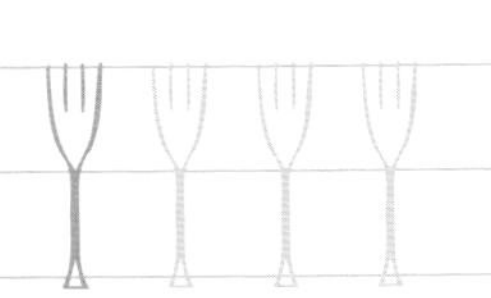

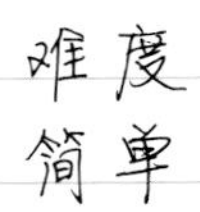

准备时间
10分钟

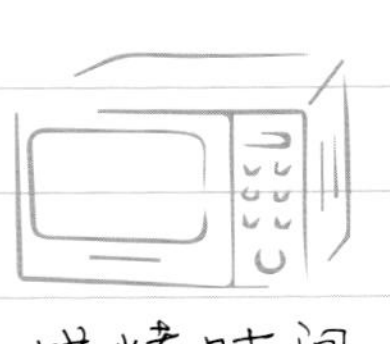

烘烤时间
8分钟+2分钟

50g印度香米；30g去壳豌豆；1个洋葱；1/4个红甜椒；3汤匙大豆白汁（30mL）；1汤匙特级初榨橄榄油（10g）；盐和胡椒粉

1. 备好洋葱和甜椒，洗净沥干后切成小块。

2. 大米加入2倍于其体积的盐水，在微波炉中用最大火力加热8分钟，然后冷却2分钟，晾干后和橄榄油、大豆白汁混合。

3. 加入步骤1的蔬菜和豌豆，然后放入适量盐和胡椒粉调味，混合后倒入马克杯，无需担心倒入杯中量的多少，混合物在烘烤过程中会保持其原有体积，不会从杯中溢出。

4. 在微波炉中用600W火力烘烤2分钟，冷却1分钟即可食用。

5. 这款蛋糕因其具有大米的软糯和蔬菜的香脆而受到人们喜爱，蔬菜几乎维持原有状态，保留了其新鲜的味道。

关于作者

CINZIA TRENCHI是一位理疗家、记者及自由摄影师。她专注于营养和探寻美食，与意大利及外国出版商合作出版了多本烹饪书籍。作为一名充满热情的厨师，她曾在意大利多家杂志社工作多年，在此期间她探访了很多地区性的、传统的和使食物保持自然的烹饪技艺，以及长寿饮食，也为此提供了大量的内容和图片，并推出了许多她自己设计的菜谱。她的烹饪书籍提出了很多具有创造性的食谱，她将不同的口味结合并尝试不同寻常的口味组合，从而创造出了新的菜肴。她将食物的营养属性放在首位，通过实现餐桌上的营养平衡来改善人们的身体健康。她住在皮埃蒙特的蒙特弗尔拉，她的房子位于偏僻的乡下。在不同季节的农作物种植知识的指引下，她在自己的菜园里种植了花卉、香草等各类植物，并用这些原料制作出了各种调味汁和新颖的调味品，同时也能用它们来装点菜肴。白星出版社已经出版了她的系列烹饪书籍的英文版：《无麸质美食食谱》《脱脂美食食谱》《红辣椒：辣味激情时刻》《我最爱的食谱》《冰沙&果汁：玻璃杯里的健康能量站》《超级食物：健康的营养和能量食谱》《排毒：实用技巧和排毒食谱》。

本书中文简体专有出版权经由中华版权代理总公司授权北京书中缘图书有限公司出品，并由河北科学技术出版社在中国范围内独家出版本书中文简体字版本。
著作权合同登记号：冀图登字 03-2017-040

图书在版编目（CIP）数据

懒人蛋糕：5分钟做好的杯中美食 /（意）辛西娅·特伦奇著；严羽译 . -- 石家庄：河北科学技术出版社，2018.1

书名原文：Mug Cakes

ISBN 978-7-5375-9184-3

Ⅰ.①懒… Ⅱ.①辛… ②严… Ⅲ.①蛋糕－糕点加工 Ⅳ.① TS213.2

中国版本图书馆 CIP 数据核字 (2017) 第 201109 号

懒人蛋糕：5分钟做好的杯中美食

[意] 辛西娅·特伦奇 著 严 羽 译

策划制作： 北京书锦缘咨询有限公司（www.booklink.com.cn）
总 策 划： 陈 庆
策　　划： 李 伟
责任编辑： 刘建鑫
设计制作： 柯秀翠

出版发行 河北科学技术出版社
地　　址 石家庄市友谊北大街 330 号（邮编：050061）
印　　刷 北京利丰雅高长城印刷有限公司
经　　销 全国新华书店
成品尺寸 185mm × 260mm
印　　张 9
字　　数 47 千字
版　　次 2018 年 1 月第 1 版
2018 年 1 月第 1 次印刷
定　　价 58.00 元